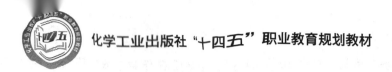

化学工业出版社"十四五"职业教育规划教材

农作物生产技术

王 娟 主编

化学工业出版社

·北京·

内容简介

本书采取"项目-任务"体制，共分10个项目。在概述农作物、农作物种植制度和农业生产资料的基础上，详细介绍了农作物的播种与育苗、田间管理、产品收获与处理等内容，涉及小麦、水稻、玉米、花生、大豆、马铃薯和棉花、甘薯、烟草等常见农作物。通过学前导读引导学生学习，将任务实施和技能训练融入每一个任务，以帮助学生在实践中夯实理论知识，为农村现代化和乡村振兴培育新型专业人才助力，从而推动农业经济快速发展。

本书可供中职与高职农业院校种植类专业师生以及广大农户、农民技术员、农技推广人员参考，也可作为乡镇干部现代农业技术培训教材和农村成人学校教材。

图书在版编目（CIP）数据

农作物生产技术 / 王娟主编. -- 北京：化学工业出版社，2025.3. -- （化学工业出版社"十四五"职业教育规划教材）. -- ISBN 978-7-122-47395-0

Ⅰ. S31

中国国家版本馆 CIP 数据核字第 2025GU5242 号

责任编辑：孙高洁　刘　军　　　文字编辑：李　雪
责任校对：李　爽　　　　　　　装帧设计：张　辉

出版发行：化学工业出版社
　　　　　（北京市东城区青年湖南街13号　邮政编码100011）
印　　装：大厂回族自治县聚鑫印刷有限责任公司
787mm×1092mm　1/16　印张14　字数318千字
2025年4月北京第1版第1次印刷

购书咨询：010-64518888　　　　售后服务：010-64518899
网　　址：http://www.cip.com.cn
凡购买本书，如有缺损质量问题，本社销售中心负责调换。

定　　价：48.00元　　　　　　　　　　　　版权所有　违者必究

本书编写人员名单

主　　编：王　娟

副 主 编：卜秀艳　王天婧

参编人员（按照姓名汉语拼音排序）：
　　　　邓小敏　李　强　梁丽新
　　　　刘景海　赵　杨　祝文学

前言

随着《国家职业教育改革实施方案》的深入实施及职业教育"三教"改革精神的不断推进,中等职业教育作为培养高素质技术技能型人才的重要阵地,其教学改革与创新尤为重要。特别是在农业现代化和乡村振兴战略实施过程中对人才的迫切需求下,编写一部符合职业教育发展、对接农作物岗位需求的教材,对于推动中等职业教育教学改革创新,全面提高中等职业教育教学质量,促进学生全面发展具有深远意义。

基于以上背景,编者团队紧紧围绕职业教育发展的新要求及农作物生产的实际需求编写了本教材。本教材主要突出以下特点:

1. 立足教改,适应发展

本教材紧密围绕国家职业教育改革方向,深入贯彻"立德树人"根本任务,将思政元素与专业知识有机融合。在"任务目标"中明确提出素养目标,引导教师深入挖掘农作物生产技术中的思政元素和育人价值,在教学过程中有意、有机、有效地对学生进行课程思政教育。将新知识、新技术、新方法作为知识拓展充实到教材中,有助于拓宽学生的知识视野和思维空间,为学生后续发展奠定必要的基础。

本教材在"项目评价"中设置了学习能力、技术能力、素质能力等对学生进行考核,注重培养学生的职业道德、职业素养、创新意识、团队协作能力及社会责任感,帮助学生树立正确的世界观、人生观和价值观。

2. 优化模块,易教易学

在内容编排上,本教材根据实际教学需求进行了科学合理的组合与优化,坚持理论知识"必需、够用"的原则,精简教材内容。根据农作物生长周期和季节特点,以生产环节为模块,以工作任务为导向,将教材内容分为若干项目,每个项目设置了学前导读、知识拓展、项目测试、项目评价等环节。每个学习任务按照"任务目标—基础知识—任务实施—技能训练"的顺序进行编写,使教材结构更加清晰合理,便于教师和学生根据生产实际需要进行选择和调整。

3. 强化技能,对接岗位

本教材注重技能培养。在每个学习任务中,将理论知识与技能操作紧密结合,通过具体的任务实施和技能训练,让学生在实际操作中领会理论知识,再以理论知识指导生产实践,实现理实一体化,突出"做中学、学中做"的特点,不断提升学生实践操作能力,实现与农作物生产岗位的无缝对接。

本教材由王娟负责编写项目一、项目二,梁丽新编写项目三,刘景海编写项目四、项目六,王天婧编写项目五、项目九,卜秀艳编写项目七、项目八,邓小敏、李强、赵杨、祝文学编写项目十。全书最后由王娟统稿。

由于我国幅员辽阔,各地区种植制度、作物品种、栽培技术和气候条件存在较大差异,本教材难以做到面面俱到。因此,在使用本教材时,应根据当地实际情况选择相关内容学习。由于编者的经验水平有限,教材中的不妥之处在所难免,敬请广大读者批评指正。

王　娟

2025 年 1 月

目录

项目一　农作物与农作物生产　001

学前导读 …………………………… 001
任务一　农作物识别与分类 ………… 001
　　任务目标 ……………………… 001
　　基础知识 ……………………… 002
　　　一、农作物的概念 …………… 002
　　　二、农作物生产的特点与重要性 …… 002
　　　三、从事农业生产需具备的职业
　　　　　素养 ………………………… 003
　　任务实施　农作物分类 ……………… 004
　　技能训练　常见农作物识别与分类 …… 005
任务二　农作物种植制度 ……………… 007
　　任务目标 ……………………… 007
　　基础知识 ……………………… 007
　　　一、农作物布局 ……………… 007
　　　二、复种 ……………………… 008

　　　三、单作、间作、混作与套作 …… 008
　　　四、轮作与连作 ……………… 009
　　任务实施　间、混、套作合理配置 …… 011
　　技能训练　种植制度调查 …………… 012
任务三　农作物生产 …………………… 013
　　任务目标 ……………………… 013
　　基础知识 ……………………… 013
　　　一、作物产量及形成 …………… 013
　　　二、肥料与农药种类 …………… 015
　　任务实施　农作物生产准备 ………… 016
　　技能训练　农作物生产资料准备 …… 019
　　知识拓展　从刀耕火种到现代科技
　　　　　　　农业 ………………… 020
　　项目测试 ……………………… 021
　　项目评价 ……………………… 022

项目二　主要农作物播种及育苗　024

学前导读 …………………………… 024
任务一　小麦播种 ……………………… 024
　　任务目标 ……………………… 024
　　基础知识 ……………………… 025
　　　一、小麦种子构造 ……………… 025
　　　二、小麦种子发芽与出苗的条件 …… 025
　　任务实施　播前准备及播种技术 …… 026
　　技能训练　小麦种子发芽率测定 …… 029
任务二　水稻育秧与移栽 ……………… 030
　　任务目标 ……………………… 030
　　基础知识 ……………………… 031
　　　一、水稻种子结构 ……………… 031

　　　二、稻种萌发和出苗的条件 …… 031
　　任务实施　播前准备、育秧及秧苗
　　　　　　　移栽 ………………… 032
　　技能训练　水稻抛栽秧育秧 ………… 037
任务三　玉米播种 ……………………… 038
　　任务目标 ……………………… 038
　　基础知识 ……………………… 038
　　　一、玉米种子构造 ……………… 038
　　　二、玉米种子发芽与出苗的条件 …… 038
　　任务实施　播前准备及播种技术 …… 039
　　技能训练　玉米播种技术 …………… 042
任务四　花生播种 ……………………… 043

任务目标 ………………………… 043
　　基础知识 ………………………… 043
　　　一、花生种子结构 ……………… 043
　　　二、花生种子发芽与出苗的条件 … 044
　　任务实施　播前准备及播种技术 … 044
　　技能训练　花生种子精选与晾晒 … 047
任务五　大豆播种 …………………… 048
　　任务目标 ………………………… 048
　　基础知识 ………………………… 048
　　　一、大豆种子形态与构造 ……… 048
　　　二、大豆种子萌发与出苗条件 … 049
　　任务实施　播前准备及播种技术 … 049

　　技能训练　大豆播种技术 ……… 052
任务六　马铃薯播种 ………………… 053
　　任务目标 ………………………… 053
　　基础知识 ………………………… 053
　　　一、马铃薯种薯 ………………… 053
　　　二、种薯的萌发出苗 …………… 054
　　任务实施　播前准备及播种技术 … 054
　　技能训练　马铃薯种薯切块 …… 057
　　知识拓展　科技引领，盐碱地变成
　　　　　　　新粮仓 ………………… 058
　　项目测试 ………………………… 059
　　项目评价 ………………………… 059

项目三　小麦田间管理　　061

学前导读 ……………………………… 061
任务一　小麦前期田间管理 ………… 061
　　任务目标 ………………………… 061
　　基础知识 ………………………… 061
　　　一、小麦的生育期与阶段发育 … 061
　　　二、小麦的器官建成 …………… 063
　　　三、小麦前期生育特点 ………… 064
　　　四、小麦前期管理目标 ………… 064
　　任务实施　小麦前期管理措施 … 064
　　技能训练　小麦越冬期看苗诊断 … 066
任务二　小麦中期田间管理 ………… 067
　　任务目标 ………………………… 067
　　基础知识 ………………………… 067
　　　一、小麦中期生育特点 ………… 067

　　　二、小麦中期管理目标 ………… 068
　　任务实施　小麦中期管理措施 … 068
　　技能训练　小麦中期看苗诊断 … 069
任务三　小麦后期田间管理 ………… 070
　　任务目标 ………………………… 070
　　基础知识 ………………………… 071
　　　一、小麦后期生育特点 ………… 071
　　　二、小麦后期管理目标 ………… 071
　　任务实施　小麦后期管理措施 … 071
　　技能训练　小麦后期看苗诊断 … 073
　　知识拓展　春小麦高产生产技术
　　　　　　　要点 …………………… 074
　　项目测试 ………………………… 074
　　项目评价 ………………………… 075

项目四　水稻田间管理　　076

学前导读 ……………………………… 076
任务一　水稻前期田间管理 ………… 076
　　任务目标 ………………………… 076
　　基础知识 ………………………… 076
　　　一、水稻的生育期与阶段发育 … 076

　　　二、水稻的器官建成 …………… 077
　　　三、水稻返青分蘖期生育特点 … 079
　　　四、水稻返青分蘖期管理目标 … 079
　　任务实施　水稻返青分蘖期管理
　　　　　　　措施 …………………… 079

技能训练　水稻形态特征及类型
　　　　　　识别 ………………… 080
任务二　水稻中期田间管理 ………… 081
　　任务目标 …………………………… 081
　　基础知识 …………………………… 082
　　　一、水稻拔节孕穗期生育特点 …… 082
　　　二、水稻拔节孕穗期管理目标 …… 082
　　任务实施　水稻拔节孕穗期管理
　　　　　　措施 …………………… 082
　　技能训练　水稻高产栽培看苗诊断 …… 083
任务三　水稻后期田间管理 ………… 084

　　任务目标 …………………………… 084
　　基础知识 …………………………… 085
　　　一、水稻抽穗结实期生育特点 …… 085
　　　二、水稻抽穗结实期管理目标 …… 085
　　任务实施　水稻抽穗结实期管理
　　　　　　措施 …………………… 085
　　技能训练　水稻产量测定 ………… 087
　　知识拓展　有机稻 ………………… 088
　　项目测试 …………………………… 089
　　项目评价 …………………………… 090

项目五　玉米田间管理　　091

学前导读 ……………………………… 091
任务一　玉米前期田间管理 ………… 091
　　任务目标 …………………………… 091
　　基础知识 …………………………… 091
　　　一、玉米的生育期与阶段发育 …… 091
　　　二、玉米的器官建成 ……………… 092
　　　三、玉米前期生育特点 …………… 093
　　　四、玉米前期管理目标 …………… 093
　　任务实施　玉米前期管理措施 …… 094
　　技能训练　玉米苗期苗情诊断 …… 096
任务二　玉米中期田间管理 ………… 096
　　任务目标 …………………………… 096
　　基础知识 …………………………… 097
　　　一、玉米中期生育特点 …………… 097

　　　二、玉米中期管理目标 …………… 097
　　任务实施　玉米中期管理措施 …… 097
　　技能训练　玉米拔节孕穗期苗情
　　　　　　诊断 …………………… 099
任务三　玉米后期田间管理 ………… 100
　　任务目标 …………………………… 100
　　基础知识 …………………………… 100
　　　一、玉米后期生育特点 …………… 100
　　　二、玉米后期管理目标 …………… 101
　　任务实施　玉米后期管理措施 …… 101
　　技能训练　玉米人工授粉 ………… 102
　　知识拓展　玉米抗低温保苗技术 …… 103
　　项目测试 …………………………… 103
　　项目评价 …………………………… 104

项目六　花生田间管理　　105

学前导读 ……………………………… 105
任务一　花生前期田间管理 ………… 105
　　任务目标 …………………………… 105
　　基础知识 …………………………… 105
　　　一、花生的生育期与阶段发育 …… 105
　　　二、花生的器官建成 ……………… 106

　　　三、花生前期生育特点 …………… 108
　　　四、花生前期管理目标 …………… 109
　　任务实施　花生前期管理措施 …… 109
　　技能训练　花生形态观察与类型
　　　　　　识别 …………………… 111
任务二　花生中期田间管理 ………… 112

| 任务目标 ………………………… 112
| 基础知识 ………………………… 112
| 一、花生开花下针期生育特点 … 112
| 二、花生开花下针期管理目标 … 112
| 任务实施　花生开花下针期管理
| 措施 ………………………… 113
| 技能训练　花生清棵技术 ………… 115
| 任务三　花生后期田间管理 ………… 115
| 任务目标 ………………………… 115

基础知识 ………………………… 116
  一、花生结荚成熟期生育特点 …… 116
  二、花生结荚成熟期管理目标 …… 116
任务实施　花生结荚成熟期管理
         措施 ………………………… 116
技能训练　花生经济性状考察 …… 117
知识拓展　花生地膜栽培 ………… 118
项目测试 ……………………………… 119
项目评价 ……………………………… 120

项目七　大豆田间管理　　　　　　　　　　　　　　　　　　　　　121

学前导读 ……………………………… 121
任务一　大豆前期田间管理 ………… 121
  任务目标 ………………………… 121
  基础知识 ………………………… 122
    一、大豆的生育期与阶段发育 … 122
    二、大豆的器官建成 …………… 123
    三、大豆幼苗分枝期生育特点 … 125
    四、大豆幼苗分枝期管理目标 … 126
  任务实施　大豆幼苗分枝期管理
           措施 ……………………… 126
  技能训练　大豆看苗诊断技术 …… 127
任务二　大豆中期田间管理 ………… 128
  任务目标 ………………………… 128
  基础知识 ………………………… 129
    一、大豆开花结荚期生育特点 … 129
    二、大豆开花结荚期管理目标 … 129

任务实施　大豆开花结荚期管理
         措施 ………………………… 129
技能训练　大豆开花顺序和结荚习性的
         观察 ………………………… 131
任务三　大豆后期田间管理 ………… 132
  任务目标 ………………………… 132
  基础知识 ………………………… 132
    一、大豆鼓粒成熟期生育特点 …… 132
    二、大豆鼓粒成熟期管理目标 …… 132
  任务实施　大豆鼓粒成熟期管理
           措施 ……………………… 133
  技能训练　大豆考种 ……………… 135
  知识拓展　大豆纤维和聚酯纤维的
           区别 ……………………… 136
项目测试 ……………………………… 136
项目评价 ……………………………… 137

项目八　马铃薯田间管理　　　　　　　　　　　　　　　　　　　　　138

学前导读 ……………………………… 138
任务一　马铃薯发芽出苗期田间
       管理 ………………………… 138
  任务目标 ………………………… 138
  基础知识 ………………………… 138
    一、马铃薯的生育阶段 ………… 138

　　二、马铃薯生产与环境条件的
       密切关系 ……………………… 139
　　三、马铃薯发芽出苗期生育
       特点 …………………………… 140
　　四、马铃薯发芽出苗期管理
       目标 …………………………… 140

任务实施　马铃薯发芽出苗期
　　　　　　管理措施 …………… 141
　技能训练　马铃薯发芽出苗期查苗、
　　　　　　间苗和定苗技术 …… 141

任务二　马铃薯幼苗期田间管理 …… 142
　任务目标 ……………………………… 142
　基础知识 ……………………………… 142
　　一、马铃薯幼苗期生育特点 …… 142
　　二、马铃薯幼苗期管理目标 …… 143
　任务实施　马铃薯幼苗期管理
　　　　　　措施 ………………… 143
　技能训练　马铃薯块茎和植株
　　　　　　形态观察 …………… 145

**任务三　马铃薯块茎形成期田间
　　　　　管理** ………………………… 146
　任务目标 ……………………………… 146
　基础知识 ……………………………… 146
　　一、马铃薯块茎形成期生育特点 … 146
　　二、马铃薯块茎形成期管理目标 … 146
　任务实施　马铃薯块茎形成期
　　　　　　管理措施 …………… 146
　技能训练　马铃薯前期中耕培土 …… 147

**任务四　马铃薯块茎增长期田间
　　　　　管理** ………………………… 148
　任务目标 ……………………………… 148
　基础知识 ……………………………… 148
　　一、马铃薯块茎增长期生育特点 … 148
　　二、马铃薯块茎增长期管理目标 … 148
　任务实施　马铃薯块茎增长期
　　　　　　管理措施 …………… 149
　技能训练　马铃薯打顶摘蕾 ………… 149

**任务五　马铃薯块茎成熟期田间
　　　　　管理** ………………………… 150
　任务目标 ……………………………… 150
　基础知识 ……………………………… 150
　　一、马铃薯块茎成熟期生育特点 … 150
　　二、马铃薯块茎成熟期管理目标 … 150
　任务实施　马铃薯块茎成熟期
　　　　　　管理措施 …………… 151
　技能训练　马铃薯后期蚜虫防治 …… 152
　知识拓展　马铃薯的类型 …………… 152
　项目测试 ……………………………… 153
　项目评价 ……………………………… 154

项目九　主要农作物产品收获及处理　155

学前导读 ………………………………… 155
任务一　小麦收获及处理 ……………… 155
　任务目标 ……………………………… 155
　基础知识 ……………………………… 155
　　一、小麦成熟的判定 …………… 155
　　二、适时收获的好处 …………… 156
　　三、小麦的贮藏特性 …………… 156
　任务实施　收获技术与贮藏技术 …… 157
　技能训练　小麦成熟度鉴定 ………… 157

任务二　水稻收获及处理 ……………… 158
　任务目标 ……………………………… 158
　基础知识 ……………………………… 158
　　一、水稻成熟的判定 …………… 158
　　二、适时收获的好处 …………… 158
　　三、水稻的贮藏特性 …………… 159
　任务实施　收获技术及贮藏技术 …… 159
　技能训练　水稻贮藏前仓库准备 …… 160

任务三　玉米收获及处理 ……………… 160
　任务目标 ……………………………… 160
　基础知识 ……………………………… 161
　　一、玉米成熟的判定 …………… 161
　　二、适时收获的好处 …………… 161
　　三、玉米的贮藏 ………………… 161
　任务实施　收获技术及贮藏技术 …… 162
　技能训练　玉米成熟期的鉴定 ……… 163

任务四　花生收获及处理 ……………… 164

任务目标 …………………… 164
　　基础知识 …………………… 164
　　　一、花生成熟的判定 ………… 164
　　　二、适时收获的好处 ………… 164
　　　三、花生的贮藏特性 ………… 164
　　任务实施　收获技术及贮藏技术 … 165
　　技能训练　花生人工采收 ……… 165
任务五　大豆收获及处理 …………… 166
　　任务目标 …………………… 166
　　基础知识 …………………… 166
　　　一、大豆成熟的判定 ………… 166
　　　二、适时收获的好处 ………… 166
　　　三、大豆的贮藏特性 ………… 167

　　任务实施　收获技术及贮藏技术 … 167
　　技能训练　大豆人工收获技术 …… 168
任务六　马铃薯收获及处理 ………… 169
　　任务目标 …………………… 169
　　基础知识 …………………… 169
　　　一、马铃薯成熟的判定 ……… 169
　　　二、马铃薯的贮藏特性 ……… 169
　　任务实施　收获技术及贮藏技术 … 169
　　技能训练　马铃薯贮藏前薯块处理 … 170
　　知识拓展　农业机械化为粮食增产
　　　　　　　保驾护航 ………… 171
　　项目测试 …………………… 172
　　项目评价 …………………… 172

项目十　其他作物生产技术　　174

　　学前导读 …………………… 174
任务一　棉花生产技术 ……………… 175
　　任务目标 …………………… 175
　　基础知识 …………………… 175
　　　一、棉花的生育期与阶段发育 … 175
　　　二、棉花的器官建成 ………… 177
　　　三、棉花繁殖育苗 …………… 179
　　　四、棉花生育特点 …………… 179
　　任务实施　棉花繁殖育苗技术、田间
　　　　　　　管理技术及收获 …… 182
　　技能训练1　棉花叶枝、果枝的识别 … 186
　　技能训练2　棉花营养钵育苗技术 … 187
　　技能训练3　棉花整枝修剪技术 … 188
　　技能训练4　棉花测产 ………… 188
任务二　甘薯生产技术 ……………… 189
　　任务目标 …………………… 189
　　基础知识 …………………… 190
　　　一、甘薯的生育期与阶段发育 … 190
　　　二、甘薯的器官建成 ………… 190
　　　三、甘薯育苗 ……………… 191
　　　四、甘薯生育特点 …………… 191

　　任务实施　甘薯育苗栽培技术、田间
　　　　　　　管理及收获贮藏 …… 192
　　技能训练1　甘薯栽插方式 ……… 195
　　技能训练2　甘薯田间调查与室内
　　　　　　　考种 ……………… 196
　　技能训练3　甘薯冷害、冻害的辨别 … 196
任务三　烟草生产技术 ……………… 197
　　任务目标 …………………… 197
　　基础知识 …………………… 198
　　　一、烟草苗床阶段生育时期 …… 198
　　　二、大田烟草生长 …………… 199
　　　三、大田烟株干物质积累规律 … 199
　　任务实施　烟草育苗技术、田间
　　　　　　　管理及采收 ………… 200
　　技能训练1　烟苗移栽技术 ……… 202
　　技能训练2　烟草田间管理 ……… 203
　　技能训练3　参观烟草烤房结构与烟叶
　　　　　　　烘烤操作过程 ……… 204
　　知识拓展　烟草的历史 ………… 205
　　项目测试 …………………… 205
　　项目评价 …………………… 207

参考文献　　209

项目一

农作物与农作物生产

 学前导读

> "民以食为天,食以农为本"这句谚语对于我们有着重要的启示意义。它不仅是对中国农耕文明深刻内涵的揭示和传承,更是对现代农业发展重要性和紧迫性的深刻认识和高度概括。在新时代背景下,必须坚持以人民为中心的发展思想,高度重视农业生产和粮食安全问题,不断推进农业科技创新和绿色发展。只有这样,才能真正实现农业与人民生活的和谐共生,让农业成为推动社会进步的重要力量。
>
> 农作物生产技术是农业生产的核心,其涉及作物的生长发育、田间管理、病虫害防治等多个方面。通过学习农作物生产技术,可以了解作物的生长规律,掌握科学的种植方法,提高农作物生产效率,保证粮食和农产品的产量和质量。
>
> 通过本项目学习,我们将了解农作物、农作物生产技术的概念及农作物的分类方法,能识别当地常见的农作物并进行正确分类,有助于今后为我国农业的发展贡献自己的力量。

任务一 农作物识别与分类

 任务目标

知识目标: ① 了解农作物生产的特点及重要性。
② 掌握农作物、农作物生产技术的概念及农作物的分类方法。
技能目标: 能识别当地常见的农作物并进行正确的分类。
素养目标: ① 提高学生观察、分析和解决问题的能力。
② 培养团队协作精神,激发学生对农业的学习兴趣。

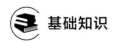 **基础知识**

一、农作物的概念

从广义的角度来看,农作物是农业生产中种植的所有植物的总称。包括日常生活中常见的粮食作物和经济作物,如水稻、小麦、玉米、棉花、烟草等,也包括蔬菜、水果、花卉等园艺作物。这些植物在农业生产中扮演着重要的角色,为人类提供了食物、纤维、燃料等必需品。

从狭义的角度来看,农作物主要是指种植在大田中面积较大的植物,即大田农作物,俗称"庄稼",主要作为食品和饲料来源。这些植物是农业生产中的核心部分,也是人类赖以生存的基础。主要包括小麦、玉米、大豆等谷物以及油料作物、糖料作物等。这些植物的生产对于保障全球粮食安全和人类生存具有重要意义。本项目所学习的主要指狭义的农作物,对于蔬菜、水果、花卉等作物的生产技术后续有专门的课程讲述。

自然界中除了经过人工栽培的植物外,还有一些自然生长、未经人工种植或干预的植物,称为野生植物。两者的区别在于是否经过人工栽培和驯化。近年来,随着农业科技的进步以及种植结构的改变,栽培植物的种类越来越广,农作物的种类和品种也越来越多。

二、农作物生产的特点与重要性

1. 农作物生产技术的概念

农作物生产技术是指以农作物为研究对象,应用现代科技手段,提高农作物产量、品质和抗逆性,以实现农业生产高效、安全和可持续发展的综合性技术。它涵盖了从种子选择、土壤管理、灌溉技术、施肥策略到病虫害防治等多个方面。

2. 农作物生产的特点

(1) **地域性**　农作物的生长和发育受到地域环境的影响,不同地区的农作物种类、生长周期、产量和质量都有所不同。因此,农作物生产需要根据当地的气候、土壤、水资源等条件进行合理的布局和规划。

(2) **季节性**　农作物的生长和发育需要特定的季节条件,如温度、湿度、光照等。因此,农作物生产需要根据季节的变化及时实施播种、施肥、灌溉等管理措施。

(3) **周期性**　农作物的生长和发育需要一定的时间,一般需要几个月到一年不等。因此,农作物有一定的生产周期,不能急于求成。

(4) **多样性**　农作物的种类繁多,不同的农作物具有不同的生长特点、产量和质量要求。因此,农作物生产需要根据不同的农作物种类进行针对性的管理和技术应用。

3. 农作物生产的重要性

(1) **保障粮食安全**　农作物是人们的主要食物来源,保障粮食安全是维护国家安全和社会稳定的重要基础。通过发展农作物生产,可以提高粮食产量和质量,满足人们的生活需求，维护国家的粮食安全。

（2）**促进经济发展**　农作物生产是农业经济的重要组成部分，对于促进农村经济发展和农民增收具有重要意义。通过发展高效、优质的农作物生产，可以提高农业生产效益，增加农民收入，推动农村经济发展。

（3）**改善生态环境**　合理的农作物生产可以改善生态环境，保持土壤肥力，防止水土流失，促进生态平衡。同时，通过推广绿色农业技术，可以减少农药和化肥的使用量，减轻对环境的污染。

（4）**提高人民生活水平**　发展优质、高效的农作物生产可以满足人们的需求，提高生活水平。同时，通过推广有机农业、绿色农业等新型农业模式，可以提供更加健康、安全的农产品，保障人民的身体健康。

三、从事农业生产需具备的职业素养

1. **具备扎实的专业知识**

农业是一个综合性很强的领域，涉及土壤、气候、作物品种、病虫害防治等多个方面，只有具备了这些方面的基本知识，才能更好地指导农业生产。同时，随着科技的不断进步，新的农业技术和品种不断涌现，从业人员需要不断学习和更新自己的知识，以适应农业发展的需要。

2. **具备良好的职业素养**

农业是一个艰苦的行业，需要从事人员具备吃苦耐劳、踏实肯干的精神。在农业生产中，任何一点疏忽都可能影响到农作物的生长和产量。因此，从业人员需要认真对待每一个生产环节，尽心尽责地完成每一项任务。同时，还需要注重团队协作，与其他工作人员保持良好的沟通和协作，共同推动农业生产的顺利进行。

3. **具备创新精神和实践能力**

从业人员需要具备创新精神，勇于尝试新的技术和品种，探索适合当地农业发展的新路子。同时，还需要具备实践能力，将所学的理论知识应用到实践中去，不断提高自己的实践能力，积累经验，在实践中培养自己发现问题、分析问题和解决问题的能力。

4. **具备环保意识和社会责任感**

农业是生态环境的重要组成部分，保护好生态环境是每个从业人员的责任。在农业生产中需要采取科学合理的种植方式和管理措施，减少农药、化肥等化学物质的施用，保护土壤和水资源，促进农业可持续发展。同时，还需要关注社会问题，积极参与社会公益事业和扶贫工作等社会责任活动。

总之，农作物生产人员的职业素养是整个农业发展的重要保障之一。它不仅涉及个人的职业发展，还关系到整个农业产业的可持续发展以及生态环境保护和社会进步等方面。因此作为农作物生产人员，需要不断提升自己的职业素养，以便更好地服务于农业发展，为乡村振兴做出更大的贡献！

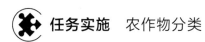 **任务实施** 农作物分类

作物的种类繁多，为了更好地研究和利用，需要对农作物进行分类，可根据植物的科、属、种以及栽培目的、生物学特性、生理生态、播种期、收获期等进行分类。通常按农作物的用途与植物学系统相结合的方法进行分类。

一、按农作物用途和植物学系统相结合的方法分类

1. 粮食作物

包括禾谷类作物、豆类作物和薯芋类作物3个类别。

（1）**禾谷类作物**　多属禾本科，主要农作物有水稻、小麦、大麦、玉米、高粱、谷子、燕麦、黑麦、稷和薏苡等。习惯上将蓼科的荞麦也包括在内。

（2）**豆类作物**　也称为豆菽类作物，属豆科，主要农作物有大豆、蚕豆、豌豆、绿豆、赤豆、小扁豆、鹰嘴豆等。

（3）**薯芋类作物**　也称为根茎类作物，属于植物学上不同的科属，主要农作物有甘薯、马铃薯、薯蓣（山药）、木薯、豆薯、芋头、菊芋、蕉藕等。

2. 经济作物

包括纤维类作物、油料作物、糖料作物、嗜好类作物和其他作物。经济作物又称为特用作物或工业原料作物。

（1）**纤维类作物**　主要有棉花（种子纤维），黄麻、红麻、苎麻、大麻、亚麻、苘麻等（韧皮纤维），剑麻、龙舌兰麻、蕉麻等（叶纤维）。

（2）**油料作物**　主要有油菜、花生、芝麻、向日葵、蓖麻、紫苏、红花等。大豆种子富含油分，有时也可归为油料作物。

（3）**糖料作物**　主要有甘蔗、甜叶菊、甜菜等。

（4）**嗜好类作物**　主要有烟草、茶叶、咖啡、可可、薄荷、啤酒花等。这类作物的叶或果实有刺激和兴奋神经的作用，经常吸食能形成嗜好。

（5）**其他作物**　主要有桑、橡胶、香料作物（如留兰香）、编织原料作物（如席草、芦苇）、天然色素作物等。

3. 绿肥及饲料作物

常见的绿肥及饲料作物有豆科的苜蓿、四籽野豌豆、紫云英、草木樨、田菁、菽麻、白车轴草、斜茎黄芪等，禾本科的苏丹草、黑麦草、雀麦草等以及莲子草、凤眼莲、红萍等。

4. 药用作物

这类作物主要供药用或作为制药工业的原料。主要有三七、天麻、人参、黄连、枸杞、白术、甘草、半夏、红花、百合、何首乌、五味子、茯苓、灵芝等。

以上分类中有些农作物可能有多种用途，例如玉米既可食用，又可作青贮饲料；马铃薯既可作粮食，又可作蔬菜；大豆既可食用，又可榨油；红花的花是药材，其种子是

油料。因此，农作物的这种分类并不是唯一的，同一种农作物常常根据农作物生产的需要划分成不同类别。严格的分类应以植物学分类为准。

二、按农作物对温度条件的要求分类

1. 喜温作物

这类作物生长发育的最低温度为10℃左右，其全生育期需要的积温较高。常见作物有水稻、玉米、高粱、棉花、花生、烟草、甘蔗、谷子等。

2. 喜凉作物

这类作物生长发育的最低温度在1~3℃，其全生育期需要的积温较低。常见作物有小麦、大麦、黑麦、燕麦、马铃薯、豌豆、油菜等。

三、按农作物对光周期的反应分类

1. 长日照作物

这类作物在白昼长、黑夜短的条件下，生长发育速度加快，生育期缩短。主要有麦类作物、油菜等。

2. 短日照作物

这类作物在白昼稍短、黑夜稍长的条件下，生长发育速度加快，生育期缩短。主要有水稻、玉米、大豆、棉花、烟草等。

3. 中性作物

这类作物开花与日长无明显关系，如荞麦、豌豆等。

四、按农作物对二氧化碳同化途径分类

1. C_3作物

这类作物光合作用最先形成的中间产物是带3个碳原子的磷酸甘油酸，其光合作用的CO_2补偿点高，有较强的光呼吸。主要农作物有水稻、大豆、小麦、棉花、烟草等。

2. C_4作物

这类作物光合作用最先形成的中间产物是带4个碳原子的草酰乙酸等双羧酸，其光合作用的CO_2补偿点低，呼吸作用也低，在强光高温下光合作用能力比C_3作物高。主要农作物如玉米、高粱、谷子、甘蔗等。

除以上分类外，生产上根据农作物播种期、收获季节不同，还可分为春播作物、夏播作物、秋播作物、夏熟作物、秋熟作物等。

技能训练 常见农作物识别与分类

一、实训目的

通过实训，能够对当地农作物进行正确识别并分类，提高学生观察、分析和解决问

题的能力。培养团队协作精神，激发学生对农业学习的兴趣。

二、材料用具

① 对当地具有代表性的乡、村或家庭农场、种植大户进行调查。
② 常见作物的图片或实物样本，包括粮食作物、经济作物、绿肥作物等。
③ 记录本、笔。

三、内容方法

1. 实践调查

结合当地农作物种植特点分多次进行调查并记录。一般在5月中下旬至6月下旬识别春播作物（粮食作物、经济作物及饲料和绿肥作物等）的苗期形态特征、生长习性以及夏收作物的成株和近成熟时的形态特征。在8月底至10月初主要识别春播作物的成株及近成熟期的形态特征。

2. 分组讨论

① 根据调查记录的作物形态特征、生长习性，进行分类讨论，对作物进行正确分类。
② 结合教学资源图片及作物样本，识别不同作物并进行分类。

3. 提升练习

常见农作物调查分类表

作物名称	形态特征	生长习性	作物类型

四、作业

写一份调查报告，包括调查过程中的体会、收获及改进措施。

五、考核

现场考核，根据调查结果与学生识别的熟练程度、准确度及其实训表现等确定考核成绩。

任务二　农作物种植制度

任务目标

知识目标：① 了解农作物布局、复种、间作、混作、套作、轮作与连作的概念和作用。
② 掌握间、混、套作的技术要点。
技能目标：能够结合当地自然环境条件进行合理的农作物布局和种植结构规划。
素养目标：① 提高学生查阅、收集信息和分析、解决问题的能力。
② 通过实地调查与跟农民的接触，引导学生了解"三农"问题。

基础知识

种植制度是一个地区或生产单位在当地自然条件、经济条件、生产条件下，农作物的组成、配置、熟制与种植方式的总称。包括农作物布局、复种、间作、混作、套种、轮作、连作等种植方式，即解决种什么、种多少、种在什么地方及怎么种的问题。

一、农作物布局

1. 农作物布局的概念

农作物布局是种植制度的中心。指农作物在一定地区内及不同地区间的地域分布，也包括一个生产单位（或农户）种植农作物的种类、品种、面积比例及在时间和空间上的配置。农作物布局是一个地区或生产单位的作物种植计划，是一种作物生产的部署。

2. 农作物布局的内容

农作物布局既可指农作物类型的布局，如粮食作物布局、经济作物布局、绿肥及饲料作物布局、药用作物布局，也可指具体作物、品种甚至秧田布局等。农作物布局的范围、时间、规模没有严格的限定。

3. 农作物布局的原则

（1）**需求原则**　在国家或地方政府导向的基础上，结合自给性需求、市场需求，面向全国，考虑国际，适应内外贸易发展的需要，满足社会需求，合理安排生产布局。

（2）**生态适应性原则**　生态适应性指在一定区域内农作物的生物学特性与自然生态条件相适应的程度。因地制宜，发挥当地资源区域优势，种植适宜的农作物品种，达到节约成本、增产增效的目的。例如，小麦在我国各地都有种植，但是最适宜种植区域是黄淮海平原及青藏高原，虽然华南也有种植，但是产量、品质较差，种植面积并不大。

（3）**经济效益原则**　根据生产成本和农产品价格趋势，合理安排农作物生产布局，以获得良好的经济效益。

(4) 可行性原则 结合现有的经济基础、技术水平、生产条件客观地规划生产布局，否则会导致作物减产或者严重亏损。

二、复种

1. 复种的概念

复种是指在同一块田地上一年内连续种收两季或多季农作物的种植方式。复种有接茬复种，如小麦收获后种植夏玉米或大豆；移栽复种，如大蒜收获后移栽棉花或西瓜苗；套作复种，如小麦套种玉米、小麦套栽棉花；再生复种，单指水稻与再生稻形成的复种形式。

2. 复种指数

耕地复种程度的高低，通常用复种指数表示。即复种指数＝（全年农作物总收获面积/耕地面积）×100％。复种指数＝100％，说明是一年一熟，无复种；复种指数＜100％，说明有一定休闲；复种指数＞100％，说明有复种。数值越大，复种程度越高。

3. 复种的条件

影响复种的自然条件主要是热量和降水量，生产条件主要是水利、肥料和人畜机具等。热量是决定能否复种的主要限制因素。热量指标中与复种关系密切的是无霜期长短和积温多少。无霜期少于140天，10℃以上积温小于3500℃的地区，只能一年一熟；无霜期140～240天，10℃以上积温3500～5000℃的地区可实现一年两熟；无霜期240天以上，10℃以上积温超过6500℃的地区，可实现一年三熟。

4. 熟制

熟制是我国对耕地利用程度的另外一种表示方法，它以年为单位表示收获农作物的季数。常见的熟制有"一年两熟"即一年内种收两季作物，如冬小麦—夏玉米；"两年三熟"即两年内种收三季作物，如春玉米→冬小麦—夏甘薯，春玉米→冬小麦—夏大豆；"三年五熟"即三年内种收五季作物。用符号"—"表示年内复种，符号"→"表示年间复种。

5. 休闲

休闲是指在适宜农作物的生长季节对土地只耕不种或不耕不种。休闲形式有两种，即全年休闲或季节休闲，其对地力恢复有良好的效果。

三、单作、间作、混作与套作

(一) 单、间、混、套作的概念

1. 单作

单作是指在同一块田地上同一季节内种植一种作物的种植方式。单作种植作物单一，群体结构单一，作物对环境条件要求一致，利于田间统一种植、管理与机械化作业。

2. 间作

间作是指在同一块田地上同一生长期内，成行或成带地相间种植两种或两种以上生长期相近的作物。带状间作如 4 行棉花间作 4 行甘薯，2 行玉米间作 3 行大豆等。间作因为成行或成带种植，需实行分别管理。带状间作，可机械化或半机械化作业，与分行间作相比能够提高劳动生产率。

3. 混作

混作是指在同一块田地上同一生长期内，混合种植两种或两种以上生长期相近的作物。混作在田间分布不规则，不便于分别管理，并且要求混作作物的生态适应性比较一致，如小麦与豌豆混作。

4. 套作

套作是指在前作物生长后期，将后作物播种或移栽于其行间或株间的种植方式。如在小麦生长后期每隔 3~4 行种 1 行玉米，麦行套种棉花等。套作能在作物共生期间充分利用空间，更重要的是能延长后季作物对生长季节的利用，提高复种指数，提高年总产量。套作是生育季节不同的两季作物的接茬种植方式，故与间、混作是不同的。

（二）间、混、套作的作用

1. 提高土地和光能利用率

通过种植不同株高、不同养分需求、不同生育期的作物品种，使作物高矮成层、相间成行，不仅能最大幅度地利用空间价值，而且能充分利用太阳光能、全面改善田间作物的通风透光条件，增加边行优势，在作物增产增收方面发挥优势。

2. 改善土壤，提高肥效

间、套作可以增加土壤中的微生物种类，改善土壤中的养分结构，调节土壤酸碱度平衡，从而达到改善土壤性状结构、提高土壤肥力的作用，同时还能有效抑制作物重茬连作引起的病虫害发生，提高作物品质及产量。

3. 促进用地与养地相结合

豆科作物与禾本科作物间、套作，因豆科作物有根瘤菌固氮，能使土壤肥力高于禾本科作物单作的土壤肥力。

4. 提高抗逆能力，稳产保收

不同作物会发生不同病虫害，对不同气候条件也有不同反应。运用间、套作方式，若遇灾害性天气和病虫害发生，一种作物减产，另一种作物可能会生长更好，故可稳产保收。

四、轮作与连作

（一）轮作与连作的概念

1. 轮作

轮作是指在同一块田地上，不同年际之间按顺序逐年轮换种植不同种类作物的种植制度。如大豆→玉米→水稻，大豆→小麦→玉米等。轮作对同一块田地来讲是逐年轮换种植不同的作物，对同一作物来讲是逐年换地种植。

在一年多熟地区，轮作多表现为复种轮作。复种轮作是指在同一块田地上，按照一定顺序，逐年轮换不同的复种方式。如油菜→水稻→绿肥→水稻→小麦—棉花→蚕豆—棉花属于由不同的复种方式组成的轮作方式。生产上把轮作中的前作物（前茬）和后作物（后茬）的轮换，通称为换茬或倒茬。换茬比较灵活，轮作比较固定。我国大多数地区主要是实行比较灵活的换茬式轮作（田块大小不等，缺乏明显的周期性与空间轮换）。

2. 连作

连作是指在同一块田块上，连年种植相同作物或采用相同复种方式的种植制度，也称为复种连作。如棉花→棉花→棉花，小麦—水稻→小麦—水稻→小麦—水稻。

(二) 轮作的作用

1. 保持、恢复和提高土壤肥力

禾谷类作物和棉花等需要消耗土壤中大量氮素，而绿肥等豆科作物，能固定空气中的游离氮素，十字花科作物则能分泌有机酸。将这些作物合理轮作，可以保持、恢复和提高土壤肥力。

2. 均衡利用土壤养分和水分

不同作物对土壤营养元素及水分的要求和吸收能力有差异，不同作物的根系深浅分布也有差异。因此不同作物实行轮作，可以全面均衡地利用土壤中各种养分，充分发挥土壤的生产潜力。如稻、麦等谷类作物吸收氮、磷多，吸收钙较少；豆类作物吸收磷、钙较多。

3. 减轻病虫草害

病菌有一定的寄主，一些害虫食性较强，而且它们中间有很多潜伏于土壤或残茬越夏、越冬或繁殖感染。不同作物病虫对寄主都有一定的选择性，轮作后因寄主改变，可减少或消灭病虫害。特别是水旱轮作，生态条件改变剧烈，更能显著减轻病虫害。有些农田杂草的生长发育习性和要求的生态条件往往与伴生作物或寄生作物相似，实行合理轮作可有效抑制或消灭杂草。

4. 合理利用农业资源

根据作物的生理、生态特性，在轮作中前后作物搭配，茬口衔接紧密。既有利于充分利用土地和光、热、水等自然资源，又有利于合理均衡地使用农机具、肥料、农药、水资源以及资金等社会资源，还能错开农时。

大田轮作是我国采用最广泛的一类种植体制。但随着农业结构的不断调整、农产品商品率的提高以及养殖业的发展，农作物的轮作方式需要不断更新。具体生产中安排轮作，应遵循高产高效、用地养地、协调发展和互为有利的原则，在提高土地利用效率的同时，充分发挥轮作的养地作用，以获得较高的经济效益、社会效益和生态效益。

(三）连作及其适用

1. 连作的危害

①连续种植相同作物，使土壤中某种元素缺乏，造成土壤养分比例失调。②加大某些有毒物质积累，对作物生长产生阻碍作用，降低作物产量。③伴生性和寄生性杂草滋生，加剧病虫草害蔓延。④某些作物连作会导致土壤物理性状显著恶化，施肥效果变差，不利于同种作物的继续生长。

总之，连作与轮作相反，弊大于利，会使作物片面消耗土壤内某些易缺营养元素，限制产量提高；易在土壤内累积因连作而产生的有毒物质等。

2. 不同作物对连作的反应

不同作物、不同品种甚至是同一作物同一品种，在不同的气候、土壤及栽培条件下，对连作的反应是不同的。根据作物对连作的反应，可将作物分为3种类型。

（1）**耐长期连作作物**　有水稻、甘蔗、玉米、棉花及麦类等作物。在采取适当的农业技术措施的前提下，这些作物的耐连作程度较高，其中水稻、棉花的耐连作程度最高。

（2）**耐短期连作作物**　有甘薯、油菜、芝麻和花生等，生产上常根据需要对这些作物实行短期连作。这类作物连作两三年受害较轻。

（3）**不耐连作的作物**　有烟草、马铃薯、蚕豆、豌豆、番茄、西瓜和甜菜等。有些作物由于种植面积很大，无法进行轮作，只适用连作。实践证明，只要技术措施得当，连作的不利影响可以减轻甚至避免。栽培上可在较耐连作和耐短期连作的作物中，轮流短期间隔种植不耐连作的作物。

任务实施　间、混、套作合理配置

1. 合理搭配作物种类和品种

在间、混、套作复合群体中，各作物间既有互补，也有竞争。如处理不好或生长条件不具备，不仅不能增产，还会导致减产。首先，要求搭配作物在共生期间对环境条件的适应性大体相同。如水稻与花生、甘薯等对水分条件的要求不同，向日葵、烟草等对土壤酸碱度的要求不同，它们之间就不能实行间、套作。其次，要求作物形态特征和生长发育特性要相互适应，以利于互补地利用资源。如高度上要高、低搭配，根系要深浅、疏密结合，生育期要长短、前后交错，喜光与耐阴作物结合搭配等。

2. 建立合理的田间配置

合理的田间配置有利于解决作物之间及种内的各种矛盾。首先要确定主作物与副作物的种植比例。主作物应占较大比例，副作物则占较小比例。套作时，前播作物要为后播作物预留好空行。密度是合理田间配置的核心问题。间、套作的种植密度一般要求高于单作的密度，且要合理安排好行比、幅宽及间距，发挥边行优势。间作作物的行数，要根据计划产量和边际效应来确定。

3. 适时播种，缩短共生期

间、混作各作物，有的要求同时播种，有的则以分期错开播种为宜。套作时，播种过早，共生期长，后作物受荫蔽时间长；播种过晚，又不能保证正常的生育期。故一般应掌握"短期偏早"的原则。

4. 加强田间管理

间、混、套作的作物，生长发育早迟不同，对环境要求也有很大差异，应采用综合栽培技术进行田间管理，以促使主、副作物都能健壮生长。主要措施为确保套种作物全苗、培育壮苗和及时收获前作物。

技能训练　种植制度调查

一、实训目的

通过实训，掌握种植制度的调查方法，能够结合当地自然环境条件设计合理的种植制度。同时通过与农村、农民的接触，提高对农业、农村、农民的认识；锻炼学生查阅、收集信息和写作的能力。

二、材料用具

① 选择当地具有代表性的乡、村或家庭农场、种植大户进行调查。
② 观察和测量工具，如尺子、锹、锄头等。
③ 记录本、笔等。

三、内容方法

1. 实践调查

分多次进行调查并记录，调查内容如下：
① 自然条件。包括光、热、水资源及对农田的地理位置、地形、土壤类型、无霜期、主要自然灾害发生频率、田间杂草主要类型等进行调查和记录。
② 走访当地农民或农业专家了解关于农作物种植制度的信息，了解当地的主要农作物种类、耕地面积、劳动力、农用机械、水利设施、种植时间、种植密度、施肥方法等。
③ 作物生长季节对各种农作物进行实地观察，了解它们的生长状况、产量、品质等。
④ 作物生长季节了解各种农作物栽培技术、田间管理、病虫草害防治技术，主要粮食作物、经济作物的产量水平、经济效益等。

2. 分组讨论

① 作物布局。包括作物种类、品种、面积、比例、分布、主要作物种植现状与计划。
② 主要种植方式。包括复种、轮作、间套作等的方式、面积、比例、优缺点。
③ 分析收集到的数据和信息，总结当地农作物种植制度的特点和优劣。

3. 提升练习

种植制度调查表

作物名称	种植方式	种植面积	优缺点

四、作业

完成一份调查报告，包括实地观察的结果、数据分析、结论和建议。

五、考核

根据学生调查报告完成的质量和课堂分享情况及实训表现等确定考核成绩。

任务三　农作物生产

任务目标

知识目标：① 了解农作物产量的构成。
② 掌握农作物生产常用的物质准备。
技能目标：① 能够结合当地农作物生产，选择适宜的农作物品种、农药、化肥、农机具等。
② 能够结合当地农作物生产，进行合理的土壤耕作。
素养目标：① 提高学生分析问题、解决问题的能力。
② 培养学生农业生产责任意识、环保意识与可持续发展观念。

基础知识

一、作物产量及形成

（一）作物产量

作物产量是指作物产品的数量，通常分为生物产量和经济产量。

1. 生物产量

生物产量指作物在整个生育期间，通过光合作用进行物质转化和能量积累，形成各种各样的有机物质的总量。这些有机物质的总量，即根、茎、叶、花和果实等干物质的质量。一般情况下，根是不可回收的，所以生物产量通常不包括根系（块根、块茎类作物除外），具体指地上部分总干物质的总量。

2. 经济产量

经济产量是指栽培目的所需要的有经济价值的主产品的数量。由于作物种类和人们栽培目的的不同，其被利用作为产品的部分也就不同。不同作物经济产品器官不同，例如禾谷类作物（水稻、小麦、玉米等）、豆类和油料作物（大豆、花生、油菜等）的主产品是籽粒（产品器官）；薯类作物（甘薯、马铃薯等）为块根或块茎；棉花为籽棉或皮棉，主要利用种子上的纤维；麻类作物为茎纤维或叶纤维；烟草为叶片；甘蔗为茎秆；甜菜为根；绿肥作物（苜蓿、白车轴草等）为茎和叶等。再如，玉米作为粮食作物时，经济产量为籽粒收获量；作为青贮饲料时，经济产量为茎、叶和果穗的全部收获量（经济产量等于生物产量）。

3. 经济系数

经济产量与生物产量的比值，即生物产量转化为经济产量的效率，称经济系数。

一般同一作物在正常生长情况下，其经济系数是相对稳定的。不同作物，其经济系数就不同，如薯类作物的经济系数为 0.70~0.85，水稻、小麦为 0.35~0.50，玉米为 0.30~0.50，大豆为 0.25~0.35，油菜为 0.29 左右。不同作物的经济系数差异较大，这与作物的遗传特性、收获器官及其化学成分，以及栽培技术和环境对作物生长发育的影响等有关。一般来说，收获营养器官的作物，经济系数比收获籽实的作物要高；同为收获籽实的作物，产品以糖类为主的比以蛋白质和脂肪为主的作物经济系数要高。

4. 生物产量、经济产量与经济系数的关系

一般情况下，生物产量是经济产量的基础，而作物的经济产量是生物产量的一部分。生物产量不高，经济产量也不可能高，但是生物产量高不等于经济产量也高。经济系数的高低表明光合作用的有机物质运转到有主要经济价值的器官中的能力大小，而不表明产量的高低。在正常情况下，经济产量的高低与生物产量的高低成正比。只有在提高生物产量的基础上提高经济系数，才能达到提高经济产量的目的。但是生物产量越高，不能说明经济产量越高。因为超过一定范围，随着生物产量的增高，经济系数会下降，经济产量反而下降。只有稳定、较高的经济系数和生物产量才能获得较高的经济产量。

（二）作物产量的形成

1. 产量的构成因素

在农业生产实践中，作物产量是按单位土地面积上有经济价值的产品数量来计算的，构成产量的因素是单位面积上的株数和单株产量，即产量＝单株产量×单位面积的株数。作物种类不同，其构成产量的因素也有所不同，主要表现在单株产量构成上的差别。人们研究不同作物产量成分的形成过程及其相互关系，以及影响这些成分的因素，以便采

用相应的农业技术措施,为满足作物高产的要求提供可靠的依据。各因素的数值愈大,产量就愈高。但在生产实践中,这些成分的数值很难同步增长,它们之间有一定的相互制约关系,但有一个产量因素的最佳组合。

2. 产量形成过程及影响因素

(1) **产量形成过程** 是指作物产量构成因素的形成和物质的积累过程,也就是作物各器官的建成过程及群体的物质生产和分配的过程。一般来说,生育前期是营养体的生长,光合产物大量用于根、叶、分蘖或分枝等营养器官建成,器官的生长程度有决定后一阶段的作用。生育中期是生殖器官的分化、形成和营养器官旺盛生长的重叠时期,依靠器官的相对生长特性,在单位营养体上形成较多的生殖器官,以建成较大的潜在贮藏能力。生育后期为结实成熟阶段,光合器官已达高峰,禾谷类作物的穗部和棉、豆、油作物果实的干物质质量急剧增长,植株的营养器官不再增重而逐渐减轻,大量的光合产物输向籽粒,以实现潜在的贮藏能力。但不同作物生长的三大时期的长短及其最适平衡是不同的,例如,薯类作物的甘薯和禾本科的甘蔗一直处于营养生长时期。

(2) **影响产量形成的因素** 包括内在因素即品种特性如产量性状、耐肥性、抗逆性等生长发育特性。环境因素即土壤、温度、光照、肥料、水分、空气及病虫草害等。栽培措施即种植密度、群体结构、种植制度、田间管理措施等。

二、肥料与农药种类

(一) 肥料种类

① 有机肥料。主要来源于人畜粪尿、动植物残体、厩肥、堆肥、饼肥、绿肥等天然有机物质。这类肥料的主要特点是来源广、成本低、营养全面、肥效持久,能够改善土壤的理化性状,提高土壤肥力,增加土壤微生物数量和活性,有利于土壤生态系统的平衡,属完全型肥料。生产使用中有机肥料的养分含量较无机肥相对较低,肥效释放缓慢,需要较长时间才能发挥作用,施用时要做到充分腐熟发酵,否则可能会带来病菌和虫害等问题。

② 无机肥料。又称化学肥料,如氮肥、磷肥、钾肥等。养分含量高、肥效迅速、施用方便,可根据作物的需要进行精准施肥,属于速效性肥料。其易溶于水,能被作物直接吸收利用,满足作物各生育阶段对养分的需求。长期大量使用无机肥料可能导致土壤板结、酸化、盐碱化等问题,影响土壤的肥力和生态功能,同时也可能对环境造成一定的污染。因此,生产中要做到合理施用无机肥料。

③ 微生物肥料。常用的微生物有根瘤菌、固氮菌、抗生菌、磷细菌和钾细菌等。微生物肥料的作用在于通过微生物的生命活动,增加土壤中的营养元素。在施用上应注意与有机肥料、无机肥料配合,并为微生物创造适宜的生活环境,以发挥其肥效。

(二) 农药种类

1. 常用杀虫剂

敌敌畏、吡虫啉、毒死蜱、阿维菌素、高效氯氰菊酯、乐果、氟虫腈、杀虫双、杀虫单、苏云金芽孢杆菌(Bt)、啶虫脒等。

2. 常用杀菌剂

福美双、多菌灵、腐霉利、甲基硫菌灵、三唑酮、三环唑、丙环唑、叶枯灵、噁霉灵、稻瘟灵、菌核净、腈菌唑、烯唑醇、咪鲜胺等。

3. 常用除草剂

乙草胺、异丙草胺、异丙甲草胺、噻吩磺隆、嗪草酮、异噁草松、丙草胺、二氯喹啉酸、丁草胺、扑草净、噁草酮、苄嘧磺隆、精噁唑禾草灵、2,4-滴丁酯、苯磺隆、唑草酮、氯氟吡氧乙酸等。

 任务实施 农作物生产准备

一、播种与育苗

(一) 种子准备

1. 品种选择

不同地区需要选择不同类型的优良品种。购种前，一定要充分了解本地自然情况、土壤情况和市场情况，确定所选品种类型。如生育期长，可选中晚熟品种；无霜期短，可选早中熟品种；土地肥沃，可选耐肥高产品种，否则选择耐瘠薄品种。

2. 种子清选

作为播种用种子，要求纯度、净度和发芽率等方面符合相关的国家标准，确保播种质量。一般种子纯度应在98%以上，净度不低于95%，发芽率不低于90%。因此，播种前需进行种子清选，清除空瘪粒、虫伤病粒、杂草种子及秸秆碎片等杂物，保证种子纯净、饱满、生活力强，使其发芽整齐一致。常用的方法有筛选、粒选、风选和液体密度选等。

3. 晒种

一般在作物播种前或收获后贮藏前，将作物种子于晴天摊晒在水泥地面上进行晒种，可以促进种子后熟、降低种子含水量、增进种酶的活性、提高胚的生活力、增强种皮的透性，有提高发芽势和发芽率的作用，同时能起到杀菌作用。

4. 拌种

拌种是将一定数量和一定规格的拌种剂与种子混合拌匀，使药剂均匀附着在种子表面上的一种种子处理方法，如三唑酮拌种等。

5. 浸种催芽

浸种是用药剂的水溶液、乳浊液、高分散度的悬浮液或温水浸泡种子和秧苗的方法。在适宜温度下，经过一定时间浸泡后捞出晾干或再用清水淘洗晾干留作播种用。如温汤浸种、多菌灵浸种等。催芽是人为地创造种子萌发最适的水分、温度和氧气条件，促使种子提早发芽，使发芽整齐，提高成苗率。催芽多在浸种的基础上进行，催芽温度以25~35℃为宜。一般应掌握高温破胸、适温长芽和低温炼芽3个过程。

6. 种子包衣

种子包衣是采用机械和人工的方法，按一定的种、药比例，把种衣剂包在种子表面并迅速固化成一层药膜。包衣后能够达到苗期防病、治虫，促进作物生长，提高产量以及节约用种、减少苗期施药等效果。

（二）播种

1. 播种期

适期播种不仅能保证种子发芽和出苗所需的条件，并且能减轻或避免高温、干旱、阴雨、风霜和病虫害等多种不利因素，达到趋利避害、适时成熟、稳定高产的目的。播种期的确定，要根据品种特性、种植制度、气候条件、病虫草害和自然灾害等几个方面的因素综合考虑。在气候条件中，温度是影响播期的主要因素。

2. 播种量

确定适当的播种量是合理密植的前提，是保证个体与群体都能健壮发展的关键。合理的播种密度，应考虑气候条件、土壤肥力、作物种类、品种类型和种子质量等因素。确定播种量时，主要依据单位面积内留苗（株）数和间苗与否，同时结合种子千粒重、发芽率、净度、田间出苗率等计算而得：

$$每公顷播种量(kg)=\frac{每公顷基本苗数}{每千克种子粒数×种子净度(\%)×发芽率(\%)×田间出苗率(\%)}$$

3. 播种方式

播种方式是指作物种子在田间的排列和配置方式，分为条播、撒播、点播和精量播种等。

条播为播种行呈条带状的作物播种方式。手工条播先按一定行距开好播种行，均匀播下种子，并随即覆土。机械作业可用条播机，播种行距大小因不同作物、品种栽培水平等而异。撒播是将种子均匀地撒在畦面，然后覆土，多用于育苗，其优点是省工、省时，有利于抢季节，但田间管理不方便。点播是按一定的行距和株距开穴播种，每穴播1粒至数粒种子。多用于高秆作物或需要较大营养面积的作物。精量播种是在点播的基础上发展而来的经济用种的播种方法。该法是将单粒种子按一定距离和深度准确地播入土内，获得均匀一致的发芽条件，促进每粒种子发芽，达到苗齐、苗全、苗壮的目的。

4. 播种深度

播种深度取决于种子大小、顶土力强弱、气候和土壤环境等因素。小麦、玉米、高粱等单子叶作物，顶土能力强，播种可稍深；大豆、棉花、油菜等双子叶作物，子叶大，顶土较难，播种可稍浅。一般小粒播种深度为 $3\sim5cm$，大粒播种深度为 $5\sim6cm$，播种深度可根据土壤质地和整地质量、土壤墒情适当调整。

（三）育苗移栽

相对直播而言，育苗移栽是我国传统的精耕细作栽培方式。应用育苗移栽可以充分利用生长季节，提高复种指数，提高土地利用率，培育壮苗，节约成本。缺点是育苗移栽较费工，有些作物根系入土较浅，不利于吸收土壤深层养分，抗倒伏力较弱。

1. 育苗方式

常用的育苗方式有湿润育苗、阳畦育苗、营养钵育苗、旱育苗、无土育苗等方式。

2. 苗床管理

出苗期关键是控制好苗床的温度和水分,水分充足条件下,温度以 20～25℃ 为宜,一般不超过 35℃,作物出苗快。幼苗期一般采取保温、调温,加以适宜的光照条件管理。齐苗后成苗期及时除草、间苗、定苗、防治病虫害等。移栽前炼苗,施"送嫁肥""起身药"等。

3. 移栽

移栽时期应根据作物种类、适宜苗龄和茬口等确定。一般适宜的移栽叶龄,水稻为 4～6 叶,油菜为 6～7 叶。移栽可带土或不带土,移栽前要先浇好水,减少伤根或不伤根。为提高移栽质量,保证移栽密度,栽后要及时施肥浇水,以促进早活棵和幼苗生长。

二、合理施肥

施肥是为了培肥土壤并供给作物正常生长所需要的营养。因此施肥时要综合考虑作物的营养特性、生长状况、土壤性质、气候条件、肥料性质来确定施肥的数量、时间、次数、方法和各种肥料搭配。合理的施肥应遵循用养结合、需要和经济的原则,要以有机肥为主,有机肥和无机肥结合,氮、磷、钾三要素配合施用。施肥包括基肥、种肥和追肥 3 种。一般在作物施肥总量中,基肥占 50%～80%,种肥占 5%～10%,追肥占 20%～50%。

1. 基肥

基肥又称为底肥,一般以有机肥作基肥,即在作物播种前或移栽前将有机肥翻耕在土壤中,使土肥相融,在作物整个生长发育期间能陆续分解释放、供应养分。基肥的施用方法有全层施肥、分层施肥、条施和穴施等。

2. 种肥

有机肥料、化学肥料、微生物肥料均可作种肥,是在作物播种或移栽时施用在种子或根部附近的肥料。一般用量不可过大,尽量避免肥料直接与种子接触,应做到肥、种隔离,以免烧芽、烧根,影响出苗。种肥多以速效性肥料为主,能为幼苗生长提供良好的营养条件。施用方法有条施、穴施、拌种、浸种、蘸秧根等。

3. 追肥

追肥是按照不同作物的需肥特点,在不同生育时期施入的肥料。其能为作物各生育时期提供所需的养分,提高肥料的利用率。追肥多以速效性肥料为主,主要有硫酸铵、尿素等,宜多次施用。一般根据化学肥料的性质,采用不同方式进行追肥,生产上常用的有深层追肥、表层追肥和叶面追肥(根外追肥)。施用方法有撒施、条施、穴施和喷施等。

三、土壤耕作

土壤耕作是利用犁、耙、耢、碌等农具,通过机械作用,调整耕作层和地面状况,使水、肥、气、热状况相互协调，地面达到"平、净、松、碎"，为作物播种、出苗和生长发育提供良好的土壤生态环境。

土壤耕作分为基本耕作和表土耕作。基本耕作入土较深，达整个耕作层，能显著改变耕作层的物理性状，是后效较长的一类耕作措施，包括翻耕、深松耕、旋耕、圆盘耙犁地等。表土耕作是在基本耕作基础上进行的入土较浅、作用强度小、为作物播种出苗和生长发育创造良好条件的一类土壤耕作措施，包括耙地、耱地、镇压、作畦、起垄、中耕、培土等，一般为基本耕作后的辅助作业，耕作深度不超过10cm。

（1）**翻耕** 一般在作物播种前或前茬作物采收后进行，即将上下层的土壤翻转，改善土壤结构层，提高肥力，消灭土壤表面的杂草和残株，但碎土效果稍差。翻耕深度因作物根系分布范围和土壤性质而不同，一般以旱地20~25cm、水田15~20cm较为适宜。

（2）**深松耕** 以无壁犁、深松铲、凿形铲对耕层进行全面或间隔地深位松土。耕深可达25~30cm，最深为50cm。此法分层松耕，不乱土层。深松耕可以根据不同作物分散在各个适当时期进行，避免深耕作业时间过分集中，有利于做到耕种结合和耕管结合。

（3）**旋耕** 采用旋耕机进行。利用旋耕机的犁刀片把大土块弄细，然后把肥料、杂草等粉碎和搅拌翻埋在土中。既松土又碎土，使耕后地面平整松软。水田、旱田整地都可用旋耕，一次作业就可以进行旱田播种或水田放水插秧，省时省工，成本低。

（4）**耙地** 用农具把耕层表面整平弄碎，具有破碎土垡、疏松耕层、破除表土板结、耙碎根茬杂草、通气保墒等作用。耙地除在耕翻后进行外，还可用于收获后灭茬，一般耙地深度为5cm左右。

（5）**开沟作畦** 为了便于灌溉排水和田间管理，播种前一般需要开沟作畦。在雨水较多、地下水位较高的南方地区进行旱作栽培，常开沟作畦、排水防渍。

（6）**起垄** 我国东北地区与山区实行垄作，可以起到防风排水、提高地温、保持水土、防止表土板结、改善土壤通气性、压埋杂草的作用。在种植根茎类作物时，也多采用垄作方式。有的垄种垄管，有的平种垄管。

（7）**耱地** 又称盖地、擦地、耢地，是一种耙地之后的平土、碎土作业，一般作用于表土3cm左右。

（8）**镇压** 镇压是指利用重力作用土壤表层的耕作措施，具有压紧耕层、压碎土块、平整地面的作用。土壤过于疏松时，镇压可使耕层紧密，减少水分蒸发，改善种子发芽和根系的生长环境。

（9）**中耕培土** 是指在作物生育期间进行的表土耕作措施。中耕是在行间用锄或用中耕器锄松或耙松表土层的表土耕作措施，具有破除表土板结、增加土壤通气性、减少地面蒸发、铲除杂草、促使土壤养分有效化、促进根系发育的作用。

技能训练 农作物生产资料准备

一、实训目的

通过实训，让学生了解当地农资市场情况，能够制定合理的农资购买计划，对市场上所销售的农业生产资料的优劣进行鉴别，对购买的生产资料进行科学存放和保管。培养学生农业生产责任意识、环保意识与可持续发展观念。

二、材料用具

当地农资市场3～5家、农作物的种子、各种类型农药和化肥以及各种农机具等。

三、内容方法

1. 市场调查

（1）**农资种类**　如种子、肥料、农药、农机具、植物生长调节剂的种类、品牌、规格、用途等。

（2）**质量情况**　包括产品质量、安全性、有效性等。

（3）**价格情况**　包括产品价格、价格波动、价格比较等。

（4）**供应商信誉**　如产品质量保证、售后服务等。

2. 农业生产资料准备

（1）**种子准备**　根据当地自然条件及生产需要，选择适宜的农作物品种。

（2）**肥料准备**　根据当地种植农作物需肥规律和当地土壤肥力情况，购买足够数量的有机肥及化肥。

（3）**农药准备**　根据当地农作物的病虫草害发生情况，正确选用和准备农药；尽量不选用残留期长的农药，减少农药残留和环境污染。

（4）**农机具准备**　对现有动力机械和农具进行全面检修，如现有农机具不能满足生产要求时，需购买农机具。

（5）**其他物资准备**　农用塑料薄膜、保温降温设备等。

四、作业

根据调查结果完成市场调查报告。

五、考核

结合市场调查报告，对农作物生产资料的准备情况，包括购买计划的科学性、农资选择的合理性及环保意识的体现等方面进行考核。

  知识拓展　从刀耕火种到现代科技农业

农业，作为人类文明进步的基石，其发展历程如同一部厚重的史书，记录了人类智慧与自然共生的不朽篇章。从远古的刀耕火种，到如今的现代农业科技，农作物生产技术不断迭代升级，推动了农业生产效率与质量的飞跃。作为中职学生，深入理解并掌握农作物生产技术的变迁及其背后蕴含的知识，对于未来投身农业事业具有重要意义。

一、原始农业——人类向文明迈出的一大步

在农业没有发明以前，采集和渔猎是人们食物和生活资料的主要来源，在很大程度上人们仰赖于自然的恩赐，农业出现后才改变了人与自然的关系。大约在一万年前的新石器时代，我们的祖先告别了采集狩猎的生活方式，转而开始了农业生产实践。那时，人们使用简陋的石质工具,如石磨盘、石磨棒、石镰等,通过"刀耕火种"的方式开垦土地,种植谷物,驯化牲畜。这种生产方式虽然原始而粗犷,但它标志着人类开始掌握并改造自然,迈出了向文明社会转变的重要一步。

二、传统农业——善用天时地利的古代智慧

这一时期,人类对于土壤肥力、作物品种、农时节气等有了更为深入的认识,农业技术水平得到了显著提升。人们开始运用农时历法指导农事活动,如根据二十四节气安排播种、灌溉、收割等;还发展了轮作、间作、套作等耕作制度以及绿肥、堆肥等施肥技术,以提高土壤肥力和作物产量。

传统农业还涌现出众多杰出的农学家和农学著作,如《齐民要术》《农政全书》等,这些著作系统地总结了当时的农业生产经验和科学技术,为后世农业的发展提供了宝贵的理论支撑。

三、现代农业——迈向农业强国的必经之路

进入 21 世纪,随着科技的不断进步和全球化的加速推进,农业生产也迎来了前所未有的变革。现代农业以其高度的科技化、机械化、信息化等特点,正在引领着全球农业的发展潮流。

1. 生产机械自动化

现代机器体系的形成和农业机器的广泛应用,使农业由手工畜力农具生产转变为机器生产,在提升农业生产效率的同时,还有效地减轻了操作人员的劳动强度,使农业生产实现快速、稳定和持续发展。

2. 生产技术高新化

在现代农业中,精准农业、智慧农业等新兴概念不断涌现。通过应用卫星遥感、无人机、物联网、大数据等现代信息技术,农民可以实现对农田环境的实时监测和精准管理,如精准施肥、精准灌溉、病虫害预警等。这些技术的应用不仅提高了农业生产效率,还减少了资源消耗和环境污染,促进了农业的可持续发展。

3. 产供销送一体化

产供销送一体化就是将生产、供应、销售、配送融为一体的一种模式,通过政府、农村合作社或大企业的扶持,整合各方资源、搭建助农平台,构建"线上线下"产销对接渠道,有效避免了农民农产品生产不规范,销售、运输困难等问题。

项目测试

一、名词解释

1. 农作物
2. 复种

二、填空题

1. 农作物按用途和植物学系统相结合分类，可将农作物分为（　　）、（　　）和饲料绿肥作物三大类。
2. 粮食作物包括薯类作物、（　　）、（　　）三大类。
3. 在同一地块连年种植一种作物或采用同一种复种方式叫（　　）。
4. 作物的生育期是指从（　　）到（　　）的总时间。
5. 施肥的方法包括（　　）、（　　）和（　　）三种。

三、选择题

1. 下列（　　）为一年两熟制模式。
   A. 春小麦→高粱　　　　　　　　B. 小麦—玉米＋大豆
   C. 油菜—双季稻　　　　　　　　D. 小麦—稻→小麦＝棉花
2. 下列作物属于经济作物是（　　）。
   A. 水稻　　　B. 高粱　　　C. 马铃薯　　　D. 棉花
3. 浸种催芽是人为地创造种子萌发最适条件，催芽温度以（　　）为好。
   A. 15～25℃　　B. 20～30℃　　C. 25～35℃　　D. 30～40℃
4. 下列耐长期连作的作物是（　　）。
   A. 水稻　　　B. 花生　　　C. 烟草　　　D. 马铃薯
5. （　　）是指在同一块田地上同一生长期内，成行或成带地相间种植两种或两种以上生长期相近的作物。
   A. 混作　　　B. 套作　　　C. 间作　　　D. 轮作

四、简答题

1. 经济作物分哪几类？举例说明。
2. 简述作物布局的原则。
3. 试述间、套作与轮作的区别。

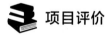 **项目评价**

项目评价	评价内容	分值	自我评价（10%）	教师评价（60%）	学生互评（30%）	得分
学习能力	知识掌握	18				
	学习态度	10				
	作业完成	12				
技术能力	专业技能	8				
	协作能力	6				
	动手能力	6				
	实验报告	8				

续表

项目评价	评价内容	分值	自我评价（10%）	教师评价（60%）	学生互评（30%）	得分
素质能力	职业素养	6				
	协作意识	6				
	创新意识	6				
	心理素质	6				
	学习纪律	8				
总分		100				

项目二

主要农作物播种及育苗

 学前导读

> 播种与育苗作为农业生产的重要环节，直接决定了农作物的产量、质量和生长周期，进而影响农民的经济收入和整个社会的粮食安全。看似平凡的劳作却蕴含着丰富的知识和技能。在播种前，需要选择适宜的种子，并进行适当的处理如浸种、催芽等，以提高种子的发芽率和成活率。还需要根据气候、土壤等条件，合理安排播种时间和方式。随着科技的进步和农业现代化的不断推进，播种与育苗技术也在不断创新和发展。越来越多的新技术、新设备被应用于播种育苗工作中。如智能化播种机、无人机播种、温室育苗等现代科技手段的应用，大大提高了播种效率和精准度，同时也减轻了劳动强度。这些新技术、新设备的出现，不仅为我们的农业生产带来了便利和效益，同时也对我们提出了更高的要求和挑战。
>
> 因此，农作物播种与育苗不仅要求我们掌握相关的专业知识和技能，更需要我们具备创新精神和学习能力，不断提升自己的专业素养和实践能力，为农业的可持续发展贡献自己的力量。

任务一　小麦播种

 任务目标

知识目标：① 了解小麦种子构造及发芽出苗条件。
② 熟悉小麦播种前准备工作，包括选种、种子处理、整地、施肥、灌水等。
③ 掌握小麦播种技术要点。

技能目标：① 能够正确选择适合当地气候条件的高产优质小麦品种。
② 能够进行小麦种子发芽率测定，并根据土壤状况和播种期调整播种量和播种深度。

素养目标：① 培养学生科学种田的意识和责任感，注重理论与实践相结合。
② 提升学生环境保护意识，合理利用资源，减少种子农药化肥的过量使用。

 **基础知识**

一、小麦种子构造

小麦子房受精后发育成果实，由于果皮很薄，与种皮连在一起，不易分开，生产上通常将麦粒称为种子或籽粒，植物学上称为颖果。小麦种子形状、颜色、粒重通常是小麦室内考种和品种识别的指标。种子形状有卵圆形、梭形、椭圆形、圆筒形等，种子颜色有红、黄、白之分，种子大小通常用千粒重（g）表示。小麦种子由皮层、胚乳和胚三部分组成。

1. 皮层

皮层包括果皮和种皮，占种子重量的 5%～7.5%，起保护胚及胚乳的作用。果皮中含有不同色素，形成了红、白、黄粒之分。

2. 胚乳

胚乳占种子重量的 90%～93%，是种子贮藏营养的仓库，为种子发芽、出苗和幼苗初期生长供应养分。

3. 胚

胚是幼小的植株原始体，一般为种子重量的 2%～3%。胚具有生命力，营养价值高。胚重虽小，但无胚或胚已丧失生活力的种子均无种用价值。

二、小麦种子发芽与出苗的条件

影响小麦出苗的因素有很多，包括品种特性、种子质量、温度、土壤湿度、氧气、光照、播种期和播种深度等。其中，温度、土壤湿度、氧气对小麦出苗影响较大。

1. 温度

适宜的温度有利于种子的萌发。小麦种子发芽最适宜温度为 15～20℃。在适宜温度范围内，温度越高，发芽越快；温度越低，发芽越慢。在环境条件适宜的情况下，适期播种的小麦播后 7～8 天即可出苗。

2. 土壤湿度

小麦种子发芽需要吸收种子本身质量 45%～50% 的水分。发芽出苗期间的适宜土壤水分为田间最大持水量的 70%～80%，过湿或过干都会影响种子的发芽。

3. 氧气

小麦发芽出苗要求供应充足的氧气。当土壤黏重、湿度过大、播种过深或地表板结时，易因缺氧而影响发芽出苗，严重时会引起烂种，即使出苗生长也较瘦弱。

此外，整地质量、光照等也会直接影响小麦的出苗情况。因此，合理调控这些因素能够提高小麦的出苗率和生长发育。

任务实施　播前准备及播种技术

一、播前准备

（一）种子准备

1. 品种选择

根据当地自然条件、栽培条件、耕作制度及品种特性要求，选用高产优质品种。春小麦宜选用抗旱、抗寒、抗病、抗倒伏、丰产性好、适宜机械化的中、强筋品种。冬小麦选用越冬安全、高效用水、抗倒春寒、抗倒伏和发芽能力强的品种。目前已选育出许多适应性广、抗逆性和抗虫性强的品种，各地区可根据本地病虫害的发生情况、气候条件选择相应的品种，以减少污染、稳定产量。

2. 种子处理

（1）**种子精选**　用种子精选机或人工筛选、风选等方法，选粒大饱满、整齐一致、无杂质的种子，达到苗齐、苗全、苗壮的目的。

（2）**晒种**　一般在播前5天左右选择晴天将小麦种子平铺在凉席或土地上（不要在水泥地面上晒种，防止烫伤种子），晒种2~3天，注意薄摊翻动，使受热均匀。晒种具有一定的消毒杀菌作用，同时能提高发芽率和发芽势。

（3）**药剂拌种及种子包衣**　根据当地常发病虫害进行药剂拌种或用种衣剂包衣。微肥拌种，每千克种子用硫酸锌4~8g，兑水溶解后喷洒在种子上、阴干后播种，或用1%石灰水拌种，多菌灵、福美双等杀菌剂浸种或拌种等。

（4）**催芽**　小麦播种前最好做发芽试验，了解其发芽势、发芽率等，准确计算出所需播种量。一般种子发芽率大于85%，净度不低于98%，水分含量不高于13%可做种用，反之不能做种用。

（二）土壤准备

1. 整地

耕作整地是改善麦田土壤条件的基本措施之一，一般包括深耕和播前整地两个环节。深耕地深度以20~25cm为宜，有利于小麦根系下扎，增加土壤通气性，提高蓄水、保肥能力。小麦播前对整地的质量要求较高，耕作层深厚、结构良好、有机质丰富、通气性与保水性良好的土壤是小麦高产的基础。播前土壤耕作整地宜早不宜迟。综合我国北方各地麦区高产田整地经验，整地标准可概括为"耕层深厚，土碎地平，松紧适度，上虚下实"的16字标准。由于各地耕作制度、降水情况及土壤特点的不同，整地方法也不一样，要做到因地制宜。

2. 施肥

小麦施肥以底肥、有机肥为主，配合施用化肥。底肥要充足，用量一般占总施肥量的60%~80%。特别是贫瘠地块，应增加底肥用量，以充分发挥肥料的增产效益。小麦播种时将肥料施在种子附近或与种子混拌均匀后播种,提供生长初期所需的养料,这种肥料称为种肥。常见的施用方法有拌种、浸种、条施、穴施或蘸根。种肥应以氮肥为主,硫酸铵、硝酸铵作种肥较为安全,每亩(1亩=667m^2)以5kg用量为宜。碳酸氢铵吸湿性强,不宜与种子混播,尿素含有缩二脲,作种肥时应严格控制用量,每亩以1.5～2.5kg为宜,最好单独施入播种沟中。种肥与麦种混播时,应充分拌匀、混匀,拌种后立即播种,现拌现用,当日播完。

3. 灌水

小麦播种时,土壤耕层水分应保持田间持水量的70%～80%。若低于此指标,就应浇好底墒水,足墒下种是保证小麦苗全、苗齐、苗壮的重要条件。浇灌底墒水通常有4种方式:

(1) **送老水** 可在秋作物收获前先浇送老水,利于前茬作物籽粒成熟,同时也为小麦准备了底墒。但应严格掌握浇水时间和水量,一定要做到不能影响秋作物的正常成熟和收获,更不能影响小麦的整地和播种。

(2) **茬水** 在缺墒不严重、水源又不太充足的条件下,可在前茬收获后、翻地前浇好茬水。这种方式灌水量较小且省时。

(3) **塌墒水** 在严重缺墒但水源和时间充足的情况下,可在犁地后浇好塌墒水。这种方式用水量较大,贮水充足,在不影响小麦播期的情况下,对实现苗全苗壮作用更大,增产效果更好。

(4) **蒙头水** 在小麦适宜播期将过而土壤又严重缺墒的情况下,只好先播种后浇水,称为蒙头水。这种方式浇水后地表易板结,土壤通气性差,不利于苗齐、苗壮,尽量不用此法浇水。在不得不浇蒙头水时,水量不宜过大,浇后应及时疏松表土,破除板结,以利于出苗和幼苗生长。我国北方地区冬春降水少,春季蒸发量大,十年九旱,常出现春墒不足情况,这时可采用秋灌、冬灌、春灌等方法灌足底墒水。

二、播种技术

(一) 播种期

小麦适时播种,能充分利用适宜的温度条件,使小麦出苗、分蘖正常发生,根系发达,群体指标适宜,个体生长良好,且制造、积累养分多,抗寒力强,从而形成冬前壮苗安全越冬,且春季穗多穗大。因此适时播种对培育壮苗与获取高产稳产具有十分重要的作用。

冬麦区日平均气温12～18℃是适宜播期的气象指标。北方冬麦区小麦播期是否适宜,常以冬前是否达到壮苗指标为原则。冬性品种以平均气温稳定在16～18℃时播为宜,半冬性品种以平均气温稳定在13～15℃时适宜播种,春性品种以平均气温稳定在12～14℃时播种为宜。我国冬麦区范围很大,从时间看,自北向南大体是:北部9月中、下旬,中南部10月上、中旬,黄淮广大冬麦区为10月上旬,即寒露前后播种。南方冬麦区的长江中下游麦区10月中旬至11月上旬,西南冬麦区10月下旬至11月中旬,华南冬麦区11月上旬至11月下旬。北方春性小麦播种期一般在气温稳定在0～2℃、表土化冻时即可播种,东北春麦在3月中旬至4月中旬播种。实际生产中,还需根据小麦品种、土壤墒情、种植条件和天气状况,做到因地制宜、适时播种。

(二) 播种量

生产上通常用"四定"法。以地定产,即根据地力、水肥条件和技术水平等,确定可能达到的产量指标;以产定穗,即根据产量指标和品种特性等,确定每亩所需穗数;以穗定苗,即根据每亩所需穗数和单株可能达到的成穗数等,确定适宜的基本苗数;以苗定籽,即根据每亩需要的基本苗数,计算出适宜的播种量。

在以苗定播种量时,常按"斤籽万苗"计算,即 1kg 麦种大约可出 2 万株基本苗。而准确的播种量计算方法如下:

$$每亩播种量(kg) = \frac{每亩计划基本苗数 \times 千粒重(g)}{1000 \times 1000 \times 发芽率 \times 田间出苗率}$$

【例】每亩计划基本苗 17 万株,种子千粒重 38g,发芽率 95%,田间出苗率 85%,则每亩播种量为:

$$每亩播种量 = \frac{170000 \times 38}{1000 \times 1000 \times 0.95 \times 0.85} = 8(kg)$$

高水肥麦田一般每亩播种量:冬性、半冬性品种应掌握在 4~6kg,春性品种为 7~8kg。

(三) 播种方式

根据当地耕作制度、生产条件、地力水平和播种工具而定,目前,小麦播种方式有条播、穴播、撒播等。

1. 条播

条播是目前生产上应用最多的一种,又分窄行条播、宽窄行条播和宽幅条播。窄行条播大多采用机播,少量采用耧播,行距 13~23cm。此方式行距较小,单株营养面积均匀,植株生长健壮整齐。宽窄行条播由 1 个宽行、1~3 个窄行相配置,宽行行宽 25~30cm,窄行行宽 10~20cm。此方式优点是便于通风透光,利于发挥个体增产潜力,常在高产田和麦田套种时采用,但要加强管理。宽幅条播,一般幅宽 10~15cm,幅距 25~35cm。

2. 穴播

穴播主要应用于北方丘陵干旱地区和南方土壤黏重地区。20 世纪 90 年代以来,北方旱作农业区推广了旱地小麦覆膜沟穴播栽培技术,是旱地小麦集雨保水、增产增收的一项措施。穴深 5~7cm,穴距、行距根据土壤地力、品种、播期决定。

3. 撒播

撒播主要在长江中下游稻麦两熟和三熟地区采用。将麦种撒匀即可。可按时播种,节省用工,苗期个体分布均匀,但后期通风透光差,麦田管理不便。此方式对整地、播种质量要求较高,播种要均匀,覆土一致。撒播的应用目前正逐渐减少。

实际生产中,应根据当地自然条件、播种经验和配套机具不同而采取相应的播种方式。

(四) 提高播种质量措施

1. 播种深度

播种深度要适宜,北方冬麦区秋旱冬冷,多为冬性或弱冬性品种,播深以 3~5cm

为宜。若播种过深，会造成出苗迟，幼苗弱，分蘖发生晚，且易感染病虫害；若播种过浅，种子容易落干，影响发芽、出苗，同时分蘖节分布太浅，既不利于安全越冬，又易引起倒伏与早衰。南方麦区气候温暖，多为春性品种，在土壤湿度较高的情况下，应适当浅播，一般为 2~3cm。

2. 下种均匀

小麦播种应保证下种均匀一致，以利出苗均匀，避免疙瘩苗或断垄现象发生。为保证下种均匀，可采用播种机进行播种。

3. 播后镇压

在秋季干旱、墒情较差的情况下，小麦播后适当镇压，可使土块细碎，土体沉实，土壤毛细管上下连通，利于下层水分上升，同时也可使种子与土壤充分接触，利于吸收水分和养分。尤其在旱地麦田上，镇压措施具有明显的增产作用。

技能训练　小麦种子发芽率测定

一、实训目的

通过实训，学生能够进行小麦种子发芽率测定，确定合理的播种量，培养学生科学种田意识和责任感，注重理论与实践相结合。

二、材料用具

小麦种子、发芽箱、培养皿、数种仪器、吸水纸或发芽纸、标签、镊子等。

三、内容方法

1. 数取试样

将所用的种子充分混合均匀后，从中随机数取 100 粒，取 4 份供用。

2. 种子置床

在培养皿中铺上几层容易吸水的纸，加入适量的水使纸湿润，然后均匀摆上 100 粒种子。每粒种子之间保持一定的间距，并要求每粒种子接触水分良好。

3. 培养管理

将发芽箱温度调至小麦发芽所需温度 25℃ 左右，然后将置床后的培养皿放进发芽箱里进行培养。每天要检查培养皿内纸的湿度，经常保持湿润，不能有干燥或水淹现象，以保持适宜的发芽条件。如有发霉的种子应立即捡出，以免霉菌扩散。

4. 幼苗鉴定

当小麦叶片从胚芽鞘中伸出，即可进行幼苗鉴定。

每天在同一时间内将 4 份试样种子观察到的萌发种子数分别记录在表中，连续观察 7 天左右。

种子萌发数记录表

试样分类	萌发的种子数/粒						
	第一天	第二天	第三天	第四天	第五天	第六天	第七天
试样一							
试样二							
试样三							
试样四							

5. 结果计算

$$小麦种子发芽率 = \frac{发芽终期正常发芽的种子数}{供试种子数} \times 100\%$$

6. 分组讨论

每组选出代表发言，从种子发芽需要有适宜的温度、水分、充足的空气条件，到植物种子本身具有生活力、结构完整、饱满、保存时间短、已度过休眠期等自身条件几方面，进行交流分享。

四、作业

完成实训报告。

五、考核

现场考核，根据操作规范性、准确度、熟练程度及分享讨论结果等确定考核成绩。

任务二 水稻育秧与移栽

任务目标

知识目标：① 了解水稻种子结构及萌发出苗条件。
② 熟悉水稻播种前准备工作，包括选种、种子处理等。
③ 掌握水稻育秧及移栽技术要点。

技能目标：① 能够熟练操作水稻育秧技术。
② 能够独立完成水稻抛栽秧的全程操作。

素养目标：① 培养学生的生产实践能力和创新能力。
② 激发学生对水稻生产的热爱和责任心。

基础知识

一、水稻种子结构

水稻的种子（谷粒）是由小穗发育而来的，一般所说的种子其实是由受精子房发育成的具有繁殖力的果实（颖果）。水稻谷粒的外形结构主要由颖和颖果组成，其中颖就是指稻壳，颖果就是指籽粒或糙米。谷粒从外到内依次包括颖壳、果皮、种皮、糊粉层、胚乳和胚几个部分。水稻种子外面被颖（稻壳）包围，颖又分为内颖和外颖。外颖较大，内颖较小，两者的缘部互相钩合，是糙米的保护结构。谷粒剥掉颖壳后就是颖果（糙米），由果皮、种皮、胚和胚乳构成。其中颖果的最外层是果皮和种皮，有的颖果的种皮内含有色素，呈现黄、紫、黑等颜色。颖果胚的位置在颖果的下腹部，由胚芽、胚根、胚轴和盾片4部分构成。胚乳的位置在种皮内，由糊粉层和淀粉细胞构成。糙米重量的98%是胚乳，胚乳含有丰富的淀粉和少量的蛋白质、脂肪等，是人类食用的主要部分，也是水稻种子发芽和秧苗生长初期的营养来源。

二、稻种萌发和出苗的条件

稻种的萌发与出苗须具备一定的内在和外在条件。内在条件指种子充分成熟，具有强健的生活力；外在条件主要包括适宜的温度、足够的水分和氧气。

1. 温度

稻种萌发的最低温度，一般粳稻为10℃，籼稻为12℃。接近最低温度时发芽很慢，时间长就会引起烂种、烂芽。发芽最适温度为20~25℃，在适温下发芽整齐而壮。发芽最快温度为30~35℃，这时发芽虽快，但芽比较弱。发芽最高温度为40℃，超过40℃会灼伤幼芽；45℃是致死温度。

2. 水分

当种子吸水量达到谷重的25%~30%，即开始萌发，但发芽缓慢且不整齐；当吸水量达谷重的40%时，萌发快且整齐。因此，生产中采取浸种的目的就是促使种子迅速吸足水分，使发芽整齐一致。要达到足够的种子含水量，浸种时间因浸种温度不同而异。当水温在30℃时约35h，水温20℃时约60h以上，水温10℃时约70h。所以早、中稻浸种时气温、水温都低，需浸3天；迟播的中稻因气温、水温升高浸种2天即可；晚稻气温、水温都高，浸1~2天，但要注意勤换水。

3. 氧气

种子萌动后，代谢作用增强，需要有旺盛的呼吸作用保证能量和物资的供应，对氧气的需求也显著增加。此时氧气需充分满足根系发育需要，否则，水分太多，导致缺氧，只长芽不长根。因此"有氧长根，无氧长芽"的说法是有一定道理的。

任务实施　播前准备、育秧及秧苗移栽

一、播前准备

1. 品种选择

水稻选种时，必须综合分析当地土壤、气候、生产条件及市场需求等，选用国家或省审定推广的适宜生育期，在当地对抗病、适应性强、优质、高产、稳产的优良品种进行生产试验并示范 2 年。根据当地无霜期长短及栽培制度，选择适合本地的早、中、晚熟品种。如东北地区一年一熟，宜选用中晚熟优质粳稻品种；南方一年多熟，可选择早、中、晚熟优质粳稻或籼稻品种。

2. 种子处理

（1）**选种**　为实现苗全、苗壮，可用风选、筛选、盐水选等，选出饱满、整齐、纯净的种子。盐水选种时，盐水浓度因稻种有芒、无芒而略有差异。生产上也可以购买市场上精包装稻种，免去选种环节。

（2）**晒种**　在播种前 5～7 天选晴天晒种 1～2 天，可增强种皮的透性和吸水能力，提高酶的活性，促进发芽。

（3）**搓种**　机械播种时，为使种子落籽均匀，需要将种子中的稻草去除，将种子上的枝梗搓掉，将有芒种子上的长芒搓下。

（4）**消毒**　为防止通过种子传染恶苗病、白叶枯病、稻瘟病等，可用 1% 石灰水浸种，35% 的恶苗灵 250 倍液浸种 24h 以上，40% 的克瘟乳剂 500 倍液或 50% 的多菌灵 1000 倍液浸种 48h。消毒后立即捞出种子清水洗净，再进行清水浸种或催芽。

（5）**浸种**　浸种目的是使稻种吸足水分，促进早发芽、发芽整齐。浸种时间与水温、品种等有关，浸种要透，但不能过度。浸好的种子表现为谷壳半透明，腹白清晰可见。一般水温 10℃时需浸种 72h，20℃时需浸种 48h，30℃时需浸种 24h。浸种时水要漫过种面，每天轻轻搅拌 1 次，2 天换 1 次水。

（6）**催芽**　早、中稻播种时气温低，为使种子能尽快出苗，提高成芽率，一般播前都要进行催芽。催芽过程可概括为高温破胸、适温催芽、保湿促芽、摊晾炼芽四个阶段。

① 高温破胸。先将种谷在 50～55℃温水中预热 5～10min，再起水沥干，上堆密封保温，保持谷温 35～38℃，一般 15～18h 即可露白。

② 适温催芽。种谷露白后，呼吸作用旺盛，产生大量热量，使谷堆温度迅速上升。故此时要及时翻堆散热，并淋温水，保持谷温 30～35℃，促进根的生长。避免温度过高出现烧芽现象。

③ 保湿促芽。齐根后要控根促芽，使根齐芽壮，温度控制在 25～28℃，湿度保持在 80% 左右，维持 12h 左右即可催出标准芽。当"芽长半粒谷，根长一粒谷"时就达到播种要求了。

④ 摊晾炼芽。为增强芽谷播后对外界环境的适应性，播种前将催好的芽谷置室内自然温度下摊薄晾芽 1 天左右，达到内湿外干即可播种。若天气不好，可进一步将芽谷摊薄并保湿，抢晴播种。

二、水稻育秧

我国水稻育秧方式主要包括水育秧、旱育秧、湿润育秧、抛栽秧育秧等。下面主要介绍后两种育秧方式。

(一) 湿润育秧

湿润育秧是介于水育秧和旱育秧之间的一种育秧方法，也称半旱育秧，是在干耕、干耖、干耙的基础上做秧板，上水浸泡，整平畦面，然后播种。其特点是深沟高面，沟内有水，面湿润，水气协调，利于种子发芽、幼苗生长，对防止烂种烂秧与培育壮苗效果良好。

1. 水稻秧田选择与制作

(1) **育秧地选择** 一般选择地势平坦、背风向阳、土质松软、灌排方便、杂草少、肥力较高、靠近本田、交通方便的地块作育秧地。

(2) **秧田制作** ①耕耙。一般选用冬闲田作秧田，前作物收获后随即翻耕，耕深以15cm为宜。春季浅耕细耙，精细平整，耕深以10cm为宜，耙平、耙透、耙细。北方寒冷地区早春土壤解冻8cm以上，即可春耕。秋、春耕均宜早不宜迟。②做床。具体做法是干耕干耙，水层浅平，播前泡田，然后用钉齿耙将表面耙成泥浆，再用木耙粗平，使苗床具有上糊下松、通气保温、易排易灌的特点。粗平后挑沟做畦，沟宽20～25cm，沟深15～20cm，畦宽1.3～1.5m，畦长一般不超过20m，便于操作。③秧田培肥。施足基肥是培育壮秧的基础。基肥以有机肥为主，化肥为辅。化肥应氮、磷、钾相结合，有机肥以腐熟的土杂肥、厩肥为主。基肥要浅施。一般施肥种类及数量为：有机肥1500～3000kg/亩，过磷酸钙、硫酸铵各30～40kg/亩，缺锌土壤增施硫酸锌2kg/亩，砂质土壤增施硫酸钾8～10kg/亩。肥料要匀施、浅施，使其在育秧期充分发挥肥效。

2. 精细播种

(1) **播种期** 水稻移栽日期减去秧龄，就是适宜播种期。秧田播种期，要依据当地气候条件、品种特性、种植制度、移栽期和秧龄弹性等因素综合考虑。早稻的早播界限期主要考虑保证安全出苗和幼苗顺利生长。地膜保温湿润育秧以日平均温度稳定通过10℃时、露地湿润育秧以日平均温度稳定通过12℃时即可播种，旱育秧可较湿润育秧提早5～7天播种。晚稻的迟播界限期取决于能否安全孕穗和安全齐穗，能否顺利开花和灌浆结实。所以，晚稻的迟播界限期应保证在当地安全齐穗期前齐穗。一般秋季日均温稳定通过20℃、22℃和23℃分别作为粳稻、籼稻和杂交籼稻的安全齐穗期。

另外，同一地方不同品种，晚熟品种宜早播，早熟品种宜晚播；同一品种，栽老壮秧时早播，栽小壮秧时晚播。

(2) **播种量** 秧田播种量应根据品种特性、育秧期温度、秧龄长短而定。一般秧龄长播种量少，反之则大。春稻培育3.5叶以下的小壮苗，秧田可播种100～130kg/亩；4.5叶中壮苗播种40kg/亩；5.5叶以上大壮苗，播种量在15kg/亩左右。麦茬稻秧田播种量一般相对春稻减少20kg左右。

(3) **提高播种质量措施** 湿润育秧播种，一是要掌握播种时床面泥浆软硬合适，以撒下种子入泥一半为宜，最好在晴天上午进行，利于生长扎根；二是播种要均匀，如播种不均匀，秧苗个体差异很大；三是用过筛细肥土、腐熟细碎马粪或土杂肥等均匀盖种，以盖没种子为度,为1~2cm厚,有保温、防晒、防雨等作用。

3. 秧田管理

水肥是关键,前期以保持湿润为主;后期以水层管理为主,通过水层深浅的变化,协调水、肥、气、热的矛盾,达到培育壮秧的目的。根据秧苗的生育特性及栽培管理特点,湿润育秧可分为3个管理时期。

(1) **立苗期** 从播种至1叶1心,此期保证秧沟有水、畦面湿润即可。在连续晴天的情况下,可以灌溉跑马水防止畦面开裂影响出苗。通常是"晴天满沟水,阴天半沟水,小雨水放干"。如遇暴雨天气,则应保持畦面上有薄水层,防止冲乱谷粒,但雨后要立即排水。在寒流期间,夜间灌浅水上床面,白天落干晾床,利于迅速扎根出苗、立好苗,防止烂种、烂芽。

(2) **扎根期** 从1叶1心至3叶1心,此期要求扎好根、保住苗,防止烂秧、死苗。应以湿润灌溉为主,浅水间断灌溉为辅,逐步向全部浅水灌溉过渡,遵循"天暖日灌夜排,天寒夜灌日排"。在寒流期间,深水护苗,水层为苗高的1/3~1/2。要及时追施"断奶肥",施硫酸铵20kg/亩,以提高秧苗素质,增强秧苗的抗寒性,减轻倒春寒造成的青枯死苗。

(3) **成秧期** 从3叶1心至移栽,此期田间应保持浅水层,注意不要淹过秧心。基本要求是控下促上,防止秧根深扎,不利拔秧,积极促进地上部的生长。如遇寒流应深水护苗。4叶期前后,秧苗生长迅速,需肥多,根据苗情,追施"提苗肥",施硫酸铵17kg/亩。插秧前5~7天追施"送嫁肥",以提高叶片的含氮量,利于插秧后提高秧苗的发根能力,能够快速返青。

除上述管理外,还应及时做好病虫害防治、除草和防鼠雀等工作。

(二) 抛栽秧育秧

水稻抛栽就是将育好的水稻秧苗,均匀地抛撒在大田中的一种水稻移栽方式。抛栽具有省力、省工、省种和操作简单、增产、增收的优点,是水稻栽培技术的一项重大改革。

根据育秧方式不同,水稻抛栽又分为塑盘湿润育秧抛栽、肥床旱育秧抛栽、塑盘旱育秧抛栽等方式。生产上应用的主要抛栽方式是塑盘旱育秧抛栽,其秧苗素质好,秧龄弹性大,适宜于大、中、小苗抛栽,并能较好地解决抛栽中的不串根、分秧技术问题。

1. 播前准备

播种前进行种子精选和消毒,催芽至破胸露白即可播种。

(1) **秧田选择** 应选择土壤肥沃、结构良好、排灌方便、避风向阳、黏壤土或壤土的稻田或旱地、菜园。对秧田进行耙细、整平、作畦,苗床大田比为1:40。

(2) **确定播种量** 杂交稻种子每孔播1~2粒,用种1~1.5kg/亩,常规稻种子每孔播2~3粒,用种3~5kg/亩。

(3) **备足秧盘** 选用561孔的秧盘应备盘45~50片/亩,选用434孔的秧盘应备盘50~60片/亩。

(4) **配制营养土** 选择黏度适中的无草籽肥沃土壤,整细过筛后与过筛的腐熟有机肥混合,再施速效肥和调酸。速效化肥应氮、磷、钾肥配合施用,与营养土充分混合。

为防止立枯病的发生，营养土 pH 应调到 4.5～5.5。采用肥力较高的菜园土、塘泥做的营养土也可以不配肥。

2. 播种

播种前一天晚上，对苗床充分浇水，使 15cm 土层水分达到饱和。然后摆放秧盘，盘底要平，紧贴床面。在摆好的秧盘里将备好的营养土撒在盘孔中，深度为孔深的 2/3，且要撒施均匀，并进行均匀播种，达到每穴有种，尽量做到不漏播。播后用营养土盖种至孔口，然后扫去秧盘上多余的土。盖土不宜过满、过干，以防串根。盖土后淋足水，与床土墒情相接。浇水宜用喷洒的方法，慢慢渗透，不宜大水漫灌。最后盖上覆盖物即可。

3. 苗床管理

（1）**温度**　采用覆盖育秧的苗床，在播种后出苗前，膜内温度应控制在 35℃ 以内，温度过高应通气降温。1 叶期温度应控制在 25℃ 以下，2 叶期开始要看天气通风炼苗，将膜内温度控制在 20℃ 左右。

（2）**水分**　3 叶期前保持盘土湿润为主，3 叶期后以秧苗傍晚"不卷叶不浇水"为原则，进行控水。秧盘的最后一次浇水应在抛秧前 1～2 天浇 1 次透水，使秧根与盘土黏结在一起，切忌抛秧时浇水。

（3）**施肥**　采用配制营养土的苗床，前期可不施肥。后期如出现脱肥现象，应用 2% 的硫酸铵液喷施，每平方米 100～200g，施肥后用清水洗苗。

（4）**防治病害、草害**　在秧苗 1 叶 1 心时用浓度为 0.01%～0.015% 的多效唑结合浇水喷施秧苗，促进秧苗矮化、根系发达、增加分蘖。一般秧苗叶龄 3～4 叶、秧龄 22～25 天，以苗高不超过 15cm 时抛秧为好。

三、水稻秧苗移栽技术

水稻移栽方法分为手栽、机栽和抛栽。

（一）水稻手栽与机栽

1. 本田整地

（1）**整地要求**　要求耕层深厚、土壤松软、上虚下实、田面平整、渗漏性适宜等。

（2）**整地方法与措施**　①旱整地技术。一是耕地，分秋耕、冬耕、春耕，耕深达 20～30cm 即可。也可分干耕、水耕，其中秋耕、冬耕为干耕，耕深 20cm 为宜；春耕多为水耕，浅耕 10～15cm 为宜。二是耙地，分水耙、干耙。水耙既能碎土，也能起浆，在作畦、灌水泡田后反复耙平、耙透；干耙主要是碎土。三是平地，结合耕地、耙地进行，达到田面粗平。四是作畦、泡田，在干耙、粗平基础上，筑埂作畦。然后灌水泡田，待土泡软后水耙。五是施肥，结合整地将腐熟的有机肥与化肥耙入土中，再放水泡田、耙地，将肥料耙入耕层。六是耖田，使田面平整，达到寸水不露泥。②水整地技术。一般是低洼存水地实行水整地。先施肥，然后水耕、水耙，耖田后即可插秧。

2. 水稻移栽

（1）**配置方式**　即水稻本田行、穴距的配置。一般有 3 种方式：①长方形。如

20cm×13cm、23cm×13cm（即行距20cm、23cm，穴距13cm）等。②正方形。如20cm×20cm、17cm×17cm等。③宽窄行。即行距分宽窄两种，如（27+13）cm×17cm（即宽行27cm，窄行13cm，穴距17cm）。

(2) **合理密植** 应根据气候条件、品种、土壤肥力、茬口而定。一般春稻宜稀，麦茬稻宜密；晚熟品种宜稀，早熟品种宜密；贫瘠、通气性差的田块宜密，肥沃、通气良好的田块宜稀；气温低、日照差、干旱的田块宜密，反之宜稀。

(3) **适时早栽** 水稻栽培中适时早栽是非常重要的环节，特别是多熟制地区。春稻移栽期的主要因素是气温，一般以日平均气温稳定通过15℃时，开始插秧。此外，春稻移栽适期，还因苗龄、采秧方法（铲秧与拔秧）及育秧方式等不同有一定差异。不同育秧形式秧苗移栽要求的最低气温也有所不同。一般早育秧为13.5℃，保温育秧小苗为12℃、中苗为13℃、大苗为13.5℃。对于麦茬稻来说，插秧时间原则上是抢时移栽，麦收后越早越好。

(4) **插秧要求** 水稻插秧要做到"五要"和"五不要"，以保证插秧质量。"五要"是指"浅、稳、足、匀、直"。"浅"要求插秧深度不超过3.3cm，水层深度以1cm左右为宜；"稳"是指秧苗不漂不倒；"足"是指每穴苗数要插够数，以保证密度；"匀"是指行、穴距均匀，秧苗大小一致，每穴苗数一致；"直"是指插正，不插斜秧、烟斗秧。"五不要"是指"不插隔夜秧，不插超龄秧，不插混杂秧，不插带病虫秧，不丢秧"。

"五要""五不要"中最重要的是浅插。浅插时，分蘖节处于温度较高、氧气较多的环境中，发根多、返青早、分蘖早；插深时，发根弱，分蘖芽不能发育，弱苗会死亡，壮苗会形成"假根"或"三段根"，使壮苗变成弱苗，造成僵苗不发育或晚发。因此，保证插秧质量要特别注意浅插的要求。

(5) **灌深水返苗** 秧苗移栽到大田后，由于根系受到损伤，有一段时间生长相对停滞，这段时间叫返苗期。此期应尽量减少叶片蒸腾，增加秧苗吸水，促使秧苗早发根早返青。主要措施是灌深水护苗，水深以不淹没"秧心"为宜。另外，要及早扶苗、补苗，做到"秧返青，苗补齐"。

(二) 水稻抛栽

1. 整地与施基肥

抛秧田要求田块平整，高低不过寸，寸水不露泥，能及时灌排，具有良好的保水保肥特性。基肥施用应结合耕翻整地进行，以有机肥为主，配施适量的氮、磷、钾化肥。一般用标准氮肥35~40kg/亩。

2. 秧苗抛栽

(1) **抛秧期** 根据水稻的生育特点，乳苗可在1.5叶抛栽，小苗可在3.5叶抛栽，中苗可在4.5叶抛栽，大苗可在5~6叶甚至7~8叶抛栽。生产上以中、小苗抛秧为好。具体抛秧期的确定，还应考虑温度因素，一般籼稻水温18℃，粳稻水温16℃为进入抛秧适期的温度指标。适时抛秧是夺取水稻高产的基础。

(2) **起秧、运秧** 塑盘旱育秧的要在起秧前1~2天浇1次透水。实行起秧、运秧、抛秧连续作业，运到田间要遮阳防晒，避免高温萎蔫，影响发苗。

(3) **抛秧** 抛秧方式有机械抛秧和人工抛秧等。抛秧时，要人（机）倒走，向前抛秧，如采用人工抛秧，则宜采取分次抛秧法。抛秧高度约3m，使秧苗均匀散落田间，秧根落到泥水5cm之内。为使秧苗分布均匀，一般先抛总苗数的70%~80%，由远到近，先稀后密；然后再抛余下的10%~20%，用于补稀、补缺；再把余下的10%补抛田边，补田角，确保基本均匀。

（4）**合理密植** 由于旱育秧有较强的根系和分蘖优势，抛栽密度比常规抛秧偏稀。一般杂交水稻每亩抛1.5万穴、3万基本苗；常规稻抛2万穴、9万~10万基本苗，抛秧前应根据本田面积，计算好秧盘数。

技能训练　水稻抛栽秧育秧

一、实训目的

通过实训，掌握水稻抛栽秧育秧技术，培养学生的生产实践能力和创新能力。激发学生对水稻生产的热爱和责任心。

二、材料用具

育苗秧田、育苗盘、营养土、浇水工具、农药等。

三、内容方法

1. 播前准备

（1）**备种** 杂交稻备种1~1.5kg/亩，常规稻备种3~5kg/亩。

（2）**备秧盘** 选用434孔的秧盘，备盘50~60片/亩。

（3）**备营养土** 取100kg过筛菜园土，加250g优质复合肥拌匀，按100kg/亩营养土来准备。

2. 播种

（1）**浇透水** 播种前一天晚上，对苗床充分浇水，使15cm土层水分达到饱和。

（2）**摆秧盘** 盘底水平，紧贴床面。

（3）**撒营养土播种** 用备好的营养土撒在盘孔中，深度为孔深的2/3，且要撒施均匀，并进行均匀播种，确保每穴有种，不漏播。

（4）**盖土** 用营养土盖种至孔口，然后扫去秧盘上的余土。盖土不宜过满、过干。

（5）**淋足水** 盖土后淋足水，与床土墒情相接。浇水宜用喷洒的方法，慢慢渗透，不宜大水漫灌。最后盖上覆盖物即可。

3. 苗床管理

在秧苗1叶1心期，用浓度为0.01%~0.015%的多效唑结合浇水喷施秧苗，促进秧苗矮化、根系发达、增加分蘖。3叶期前保持盘土湿润，之后以秧苗傍晚"不卷叶不浇水"为原则，进行控水。秧盘的最后一次浇水应在抛秧前1~2天浇1次透水，使秧根与盘土黏结在一起，切忌抛秧时浇水。

四、作业

实际操作,反复练习。

五、考核

现场考核,根据学生实训表现、操作内容完整性和准确性等方面确定考核成绩。

任务三 玉米播种

任务目标

知识目标:① 了解玉米种子构造及发芽出苗条件。
② 熟悉玉米播种前准备工作,包括选种、种子处理、整地、施肥、灌水等。
③ 掌握玉米播种技术要点。
技能目标:① 能够正确选择和处理玉米种子,包括晒种、拌种等技术。
② 能够结合生产实际,采取正确方法独立完成玉米播种操作技术。
素养目标:① 培养学生热爱劳动、吃苦耐劳、勇于创新的精神。
② 提高学生实践能力和动手能力,增强学生对农业生产的兴趣和认识。

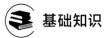

基础知识

一、玉米种子构造

一般所说的玉米种子其实是果实(颖果),由种皮、胚乳和胚3个部分组成。种皮占种子总重量的6%~8%,主要由纤维素构成,表面光滑,包围整个种子,具有保护种子不受外力机械损伤和防止病虫害入侵的作用。胚乳占种子总重量的80%~85%,是种子内部的主要部分,含有丰富的营养物质,是玉米种子营养价值的主要来源。胚占种子总重量的10%~15%,是新生植物体的雏体,构成种子的最重要部位,胚由胚根、胚芽、胚轴、子叶(盾片)组成。胚芽富含淀粉和酶类物质,是种子发芽时提供能量的来源。在发芽过程中,胚芽会向外伸展,并形成根系和幼苗,最终长成一株玉米植株。

二、玉米种子发芽与出苗的条件

影响玉米出苗的因素有很多,包括品种特性、种子质量、整地质量、播种期、播种深度、光照、温度、土壤湿度、氧气等。其中,温度、土壤湿度、氧气对玉米出苗影响较大。

1. 温度

玉米发芽最适宜的温度是在25~35℃,最适温度范围内温度越高发芽越快,出苗仅需 5~7 天。当温度超过 35℃，出苗则会变得缓慢，甚至不会出苗。玉米出苗最低温度在 10~12℃时，出苗需要 15~20 天，发芽速度变慢。长时间低温会导致玉米出苗弱或种子腐烂，后期会出现死苗的现象，影响玉米种子发芽率。

2. 土壤湿度

玉米最适宜出苗的田间持水量在 60%~70%。如果湿度超过 80%则会有粉籽的可能，当湿度达到 90%~100%（水已经饱和的情况下）时就会造成烂籽。当田间持水量低于 60%~70%时出苗缓慢，甚至不出苗。

3. 氧气

玉米种子吸收水分后开始萌动，此时需要大量氧气，但温度越高激活越快，吸收氧气就越多，呼出的二氧化碳就越多。当田间出现缺氧的情况时，呼出的二氧化碳与水结合就会形成碳酸，如果播种过深或浇水过大再赶上高温，就会造成缺氧烂籽。

任务实施　播前准备及播种技术

一、播前准备

（一）种子准备

1. 品种选择

结合当地气候条件、种植方式、市场需求、品种抗性等选择品质优良、增产潜力大的品种。如在水肥条件好的地区，宜选用耐肥水、生产潜力大的高产品种。在丘陵、山区，则应选用耐旱、耐瘠、适应性强的品种。春播玉米要求选用生育期较长、单株生产力高、抗病性强的品种，夏播玉米要求选用早熟、矮秆、抗倒伏的品种，套种玉米则要求选用株型紧凑、幼苗期耐阴的品种。也可根据当地常发病的种类选用相应的抗病品种。此外，还要根据生产上的特定需要，如饲用玉米、甜玉米、黑玉米、笋玉米等选用相应良种。

2. 种子处理

种子处理是指在精选种子、做好发芽试验的基础上进行晒种、药剂拌种和浸种。

（1）**晒种**　在播种前 2~3 天进行。晴天将种子薄摊在地面上，切忌将种子摊晒在水泥地、沥青地或金属板上，以免高温烫伤种子。晒种可增加种皮透性和吸水力，提高发芽率，早出苗。

（2）**药剂拌种**　根据当地经常发生的病虫害确定药剂种类。防治地下害虫时，用 70%吡虫啉拌种剂 20g，兑水 200~250mL，拌种 2.5~3kg 并充分拌匀，于阴凉处晾干，能有效防治苗期叶面及地下害虫，提高发芽率。用 50%辛硫磷按药、种比 1∶200 加适量水稀释后拌匀使用，或用毒谷、毒饵等，播种时撒在播种沟内，防治多种地下害虫。防治黑穗病时，用 25%三唑酮粉剂 5g 与 1kg 玉米种充分拌匀播种。

（3）**浸种**　浸种的主要作用是供给水分、促进发芽，用营养液浸种还有促进根系的作用。常用的浸种方法有：①清水浸种。用 20~30℃凉水，春玉米浸 12~24h，夏玉米浸 4~6h。②温汤浸种。水温 55~58℃，浸 4~5h，以水能浸没种子为度。③微量元素浸种。土壤缺锌时，可用 0.02%~0.05% 硫酸锌溶液浸种，缺锰时用 0.01%~0.1% 硫酸锰浸种，缺硼时用 0.01%~0.055% 硼酸液浸种。浸种时间均以 12~15h 为宜。浸种必须在土壤墒情较好或带水点种时才能进行。浸种后遇雨不能及时播种时，可把浸过的种子薄薄地摊在席上，放阴凉处，防止发芽过长。

(4) **种子包衣** 用种子包衣剂进行种子包衣，要明确其防治对象，有针对性地选择包衣剂，防治玉米丝黑穗病、地下害虫和苗期害虫。根据不同包衣剂的说明确定药剂的浓度、用量。一般 1kg 种衣剂可处理种子 200kg，药剂和种子的比例为 1 : 40。

(二) 土壤准备

1. 整地

通过适当的土壤耕作措施，为播种、种子萌发和幼苗生长创造良好的土壤环境。包括春玉米整地和夏玉米整地。

(1) **春玉米整地** 春玉米整地应在前茬农作物收获后，及时灭茬并深耕，一般耕深 20~30cm，耕后及时耙、耢、起垄和镇压。秋耕宜早不宜晚，但对积雨多、低洼潮湿地、土壤耕性差、不宜耕作的地块，可在早春耕地。若前茬腾地晚，来不及秋耕，应尽早春耕，深度应浅些，耕深以 12~15cm 为宜，做到翻、耙、压等作业环节紧密结合，防止跑墒。

(2) **夏玉米整地** 夏玉米生育期短，争取早播是实现丰产的关键。为实现早播，可采用以下整地方法：一是采取耕、耙、播种复合作业措施，一般耕地深度以不超过 15cm 为宜。二是在前茬农作物收获后，用圆盘耙灭茬，耙后随即播种。三是前茬农作物收获后，不整地、不灭茬，劈槽或打穴直接播种，待玉米出苗后马上深中耕灭茬。目前，随着机械化水平的提高，此法播种面积在逐年扩大。

在北方地区，整地必须达到细、碎、平和保墒的状态，以利于一次播种保全苗。

2. 施肥

(1) **基肥** 以有机肥为主，化肥为辅，氮、磷、钾配合施用。春玉米在春耕、秋耕时结合整地施用。夏玉米在套种时对前茬作物增施有机肥料而利用其后效作用。旱地春玉米或夏玉米施部分无机速效化肥，增产显著。一般产量达 650kg/亩的地块，施有机肥 2m³，磷酸氢二铵 7~10kg，尿素 10~15kg，硫酸钾 7kg，硫酸锌 1kg 作底肥，结合整地打垄一次性深施 20cm 以下。

(2) **种肥** 种肥是最经济有效的施肥方法，玉米施用种肥一般可增产 10% 左右，特别是在底肥施用不足的情况下，种肥的增产作用更大。种肥的使用方法有很多种，如拌种、浸种、条施、穴施。施用化肥做种肥时，必须做到种、肥隔离，控制好施肥深度，以 10~15cm 为宜。生产上多采用磷酸氢二铵或氮、磷、钾复合肥做种肥，用量为 3.5~7kg/亩。

注意：尿素、碳酸氢铵、氯化铵、氯化钾不宜做种肥。

3. 灌水

播种时，良好的土壤墒情是实现苗全、苗齐、苗壮、苗匀的保证。若土壤墒情不足或不匀进行播种，势必造成缺苗断垄，或玉米苗大小参差不齐，弱小株多，空秆率高。玉米播种适宜的土壤水分为田间持水量的60%～70%。若播种时土壤含水量低于田间持水量的60%，必须造墒后播种，夏玉米也可播后浇"蒙头水"。若春玉米播种时田间土壤干旱缺水严重，需要先浇水后播种，宜采取喷滴灌的方式进行补水增湿，不要大水漫灌，防止土壤板结。如果为了抢时先播种、后浇水，建议采取喷灌、滴灌、漏灌的方式进行浇水，防止大水漫灌。

二、播种技术

（一）播种期

玉米的适宜播种期主要根据玉米的种植制度、温度、墒情和品种来决定，既要充分利用当地的气候资源，又要考虑前后茬作物的相互关系，为后茬作物增产创造较好的条件。

1. 春玉米适时早播

适时早播能充分利用光、热资源，增强抗逆能力，减轻病虫为害。一般在5～10cm地温稳定在8～12℃时即可播种。华北地区地温稳定在10～12℃时，一般在4月中、下旬适宜播种；黑龙江、吉林等省地温稳定在8～10℃时，一般在5月上、中旬适宜播种；辽宁、内蒙古及新疆北部多在4月中旬到5月上旬播种。

2. 夏玉米早播技术

夏玉米在前茬收获后应及早播种，越早越好。套种玉米在留套种行较窄地区，一般在麦收前7～15天套种或更晚些；套种行较宽的地区可在麦收前30天播种。如河南一般在6月上、中旬播完，早的可以提前到5月末，最迟也不要超过6月20日。黄淮海地区建议夏播不晚于7月中旬。

（二）播种量

播种量应根据种植密度、播种方法、种子大小、发芽率、整地质量等而定。凡是种植密度大、种子大、发芽率低、条播及地下害虫严重的，播种量应适当增加，反之应适当减少。一般条播3～4kg/亩，点播2～3kg/亩，每穴2～3粒。机械精量点播1～1.5kg/亩。种植青贮玉米时，应按一般播种量增加25%。

点播播种量公式计算为：

$$每亩播种量(kg) = \frac{每亩穴数 \times 每穴粒数 \times 千粒重(g)}{1000 \times 1000 \times 发芽率}$$

（三）播种方式

我国北方地区通常有两种播种方式，即垄作和平作。东北地区由于温度较低，常用垄作；华北地区降水量较少，常用平作。播种方法主要有以下几种。

1. 条播

在地势平坦、整地质量较高的地块一般采用条播，用机械播种，开沟、施种肥、撒种、覆土和镇压一次完成。条播工作效率高，深浅一致，但用种量较大。对平展型的品种，不宜高密度栽培，常用等行距条播，一般行距 60～80cm，株距 20～25cm，每亩 3810～4200 株。紧凑型品种多采用宽窄行条播，宽行 80～100cm，窄行 40～50cm，株距 18～25cm，每亩 3800～4750 株。

2. 点播

按预定的株行距开穴，点种，覆土镇压。但要求随开穴、随点种、随覆土、随镇压。点播节省种子，但比较费工。

3. 机械精量点播

用精量点播器或点播机播种，一穴一粒，点播、施肥、下药、覆土和镇压等作业一次完成。此法节省劳力和种子，播种质量好，工作效率高，但对种子质量要求高。机械精量点播是玉米播种技术的发展方向。

（四）提高播种质量措施

1. 足墒匀墒播种

为确保苗齐、苗匀，必须足墒匀墒播种。土壤墒情不足或不匀是造成缺苗断垄、出苗早晚不齐的重要原因。

2. 播种深浅和覆土厚薄均匀一致

玉米播种要求深度适宜、深浅一致，适宜的播种深度以 4～6cm 为宜。播种过深，种子出苗难，苗弱，不利形成壮苗；播种过浅，玉米种子容易落干，造成缺苗断垄，出苗不整齐。

3. 播后镇压

玉米播种后进行镇压使种子与土壤紧密接触，有利于种子吸水萌发。墒情好、土壤黏重、土壤湿度过大时，一般不要求进行镇压或待地表稍干时镇压；墒情差、砂土地、土壤干旱时，播后立即镇压，适当重压。

技能训练　玉米播种技术

一、实训目的

通过实训，掌握玉米播种技术，培养学生热爱劳动、吃苦耐劳、勇于创新的精神，提高学生实践能力和动手能力，增强其对农业生产的兴趣和认识。

二、材料用具

玉米种子、拌种药剂、精量播种机、手动播种工具（如锄头、犁）、肥料等。

三、内容方法

1. 播前准备

（1）选种　选择适合当地种植的优质高产抗病品种，去除秕、烂、霉、小的籽粒。

(2) **晒种** 在播种前2~3天，选择晴天将种子薄摊在地面上，每天晒4~5h，连晒2~3天。

(3) **播种期** 一般在5~10cm地温稳定在8~12℃时即可播种。

2. 播种

(1) **播种方法** 点播，按预定的株行距开穴、点种、覆土、镇压。要求随开穴、随点种、随覆土、随镇压。

(2) **足墒匀墒播种** 确保苗齐、苗匀。

(3) **播种深浅和覆土厚薄** 砂质土壤、土壤干旱、地势高的地块，以播深6~8cm为宜；黏性土壤、土壤湿度较大、地势低洼的地块，以播深4~5cm为宜。盖种覆土以2~4cm厚为宜。

(4) **播后镇压** 使种子与土壤紧密接触，有利于种子吸水萌发。

四、作业

实际操作，反复练习。

五、考核

现场考核，根据学生实训表现、操作内容完整性和准确性等方面确定考核成绩。

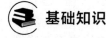

任务四 花生播种

任务目标

知识目标： ① 了解花生种子结构及发芽出苗条件。
② 熟悉花生播种前准备工作，包括选种、种子处理、整地、施肥、灌水等。
③ 掌握花生播种技术要点。
技能目标： ① 能正确进行花生种子精选和晾晒操作。
② 能够结合生产实际，进行花生机械化播种。
素养目标： ① 培养学生的耐心和细心，确保种子精选和晾晒的质量。
② 增强学生的团队协作和沟通能力，共同完成花生人工及机械化播种。

基础知识

一、花生种子结构

花生种子由种皮和胚两部分组成。胚又可分为胚根、胚轴、胚芽和子叶四部分。种子近尖端部分的种皮表面有一白痕为种脐。

种皮由珠被发育而来,由外表皮、中间层和内表皮三部分组成,主要起保护作用,防止有害微生物的侵染。胚的各部分由受精卵发育而来。子叶两片,特别肥厚,呈乳白色,有光泽,富含脂肪、蛋白质等营养物质,重量占种子重的90%以上。子叶的主要功能是贮藏养分,为种子萌发过程中器官分化与形成提供营养。胚根突出于两片子叶之外,呈短喙状,将来发育成主根。胚芽白色,由一个主芽和两个侧芽组成,主芽发育成主茎,子叶节侧芽发育成第一对侧枝。胚根和子叶节之间为下胚轴。

通过试验及大田生产实践证明,子叶大小及完整性对幼苗长势和未来产量有重要关系,因此选用一级大粒健全种子作种,是培育花生壮苗以及最终取得高产的基础。

二、花生种子发芽与出苗的条件

花生种子发芽出苗除了与品种特性、种子质量、耕作质量、栽培制度等有关外,还要求有适宜的温度、充足的水分和氧气等外界条件。

1. 温度

温度是种子开始萌动的主要因素,也是决定种子萌发速度的首要条件。在适宜温度范围内温度越高,出苗越快。实际生产中,需查看当地15天左右的温度情况,如连续5天播种层地温稳定在15℃以上即可播种,在18℃以上出苗快且出苗整齐。

2. 水分

足够的水分供应是种子萌发的必要条件,吸水不足的种子不能萌发。幼苗出土最适宜土壤水分为田间最大持水量的50%~60%,低于40%或高于70%均会影响种子正常发芽和出苗。

3. 氧气

种子开始萌发时,呼吸作用显著增强,需要大量的氧气供应,细胞内贮藏的营养物质逐渐氧化分解,释放出能量和中间产物,满足胚的生长需要。如果氧气不足,大多数种子将因缺氧而死亡,即便是萌发了,幼苗也会发育不良。

生产上种子萌发所需的水分、温度和氧气是相互关联、相互制约的,缺少任何一种因素,都不能使种子萌发。

任务实施　播前准备及播种技术

一、播前准备

(一) 种子准备

1. 选用良种

要因地制宜,根据当地的自然条件、种植习惯和市场需求,合理选用高产、稳产、优质、多抗、适宜机收的花生品种。

2. 种子处理

播前对种子进行处理有利于实现苗齐、苗全、苗壮,缩短出土到齐苗时间,对提高单产起到关键作用。

(1) **晒种** 播种前 10～15 天做好晒种工作。选择晴天带壳晒种 2～4 天，能够提高花生的发芽率，加快出苗，同时具有杀菌作用。

(2) **剥壳和粒选** 果壳有保护种子的作用，故剥壳宜在播种前 5～7 天进行。剥壳后对花生种子进行严格的品级筛选，保证种子大小均匀，将病种、残种剔除掉，保留籽粒饱满、色泽好、没有机械损伤的种子。

(3) **浸种催芽** 花生浸种催芽方法有温室催芽、沙床催芽、土坑催芽等。催芽是使花生种子充分吸水，保持湿润，维持 25～30℃ 的温度，催芽至胚根刚露白为度。但经过浸种催芽的种子，如播种后遇低温多雨，会导致种子萌发慢或不能萌发，易造成烂种现象。故浸种催芽在低温干旱的情况下采用是获得苗全、苗齐的好方法。所以，生产中应根据气候条件灵活采用此法。

(4) **拌种** 用微生物肥料或根瘤菌拌种，可促进根瘤形成，增加根瘤数量，在生茬地上效果更好。用杀菌剂拌种，可以使用 50% 的多菌灵可湿性粉剂，药剂使用量是种子总量的 0.5%，能有效防治根腐病、茎腐病、冠腐病、根结线虫病等。为了预防地下害虫，可用杀虫剂拌种，如选择 50% 的辛硫磷乳油拌种，药物使用量是种子总量的 0.2%。另外，还可用种衣剂拌种、抗旱剂拌种、微量元素拌种，所用微肥浓度不宜太大。使用时应注意用药安全。

(二) 土壤准备

1. 整地

(1) **春播花生整地** ①冬耕。在前茬农作物收获后要进行冬耕，耕深 25～30cm。冬耕可以使土壤疏松，孔隙度加大，提高保水保肥性能。②春耕。在播种前要进行深耕细作，深耕深度应在 25cm 以上，要随耕随耙耢，并彻底清除残留在土内的农作物根茎、地膜、石块等杂物，使土壤细碎、疏松，地面平整。③垄作。为增加受光面，提高地温，加厚活土层，应实行垄作。一般垄作比平作早出苗两天，日平均气温增加 1.5℃。起垄一般要求垄高 10～15cm，垄宽 30～32cm，垄沟宽 30～40cm，垄宽也可根据地形和种植行数而定，每垄播种 1 行。做到随起垄随播种，防止跑墒。

(2) **麦垄套种花生整地** 重点是在小麦播种前深耕细耙，施足基肥，耕后磨碎，消除坷垃；小麦收后，立即深中耕灭茬，疏松土壤，择时播种。

(3) **夏直播花生整地** 前茬农作物收获后，立即用秸秆还田机将麦茬打碎，浅耕 10～17cm，尽量减少表层 10cm 土层内的麦茬，耙平地面，做到土松、地平、土细、墒足。若土壤墒情良好，腾茬晚，应趁墒抢时播种，出苗后再及时中耕灭茬。

2. 施肥

在整地时施足基肥，以有机肥为主，化肥为辅。基肥施用量应占总施肥量的 80% 以上。一般亩施有机肥 2000～3000kg、过磷酸钙 25～40kg、尿素 5kg 或亩施花生专用肥 40～50kg 作种肥。有条件的最好施用花生专用缓（控）释复合肥，以延长肥效期，缓释肥一定要开沟施盖土或作为种肥施用。根据需要适量施用硫、硼、锌、铁、钼等微肥。

3. 灌水

花生播种适宜的土壤水分为田间最大持水量的 70% 左右，墒情不足的地块要灌溉造墒播种。同时，要注意排涝，防止水分过多对花生造成不利影响。夏播花生应在适播期前灌溉造墒，为保证抢时早播、减少造墒以及避免可能的阴雨天气影响播期。可采用"干播湿出"的方法，如起垄种植花生可播后顺垄浇灌，覆膜花生宜采用膜下滴灌，露地花生可采用微喷等方式。

二、播种技术

（一）播种期

春播花生适宜播期主要考虑温度条件。不同类型的品种对温度的要求不同，珍珠豆型花生适宜播期为连续5天内平均地温稳定在12℃左右即可播种，晚熟大花生适宜播期为连续5天内平均地温稳定在15℃左右即可播种，当地温稳定在16~18℃时出苗快而整齐。一般北方大花生春播适期为4月下旬至5月上旬，地膜覆盖播期可比露地提早7~10天。

夏播花生，当麦垄套种时，其适宜播期主要与小麦收获期有关，一般在小麦收获前15~20天播种。夏直播花生应抢时早播，一般播期不晚于6月10日。前茬农作物收获后应立即整地播种，或不清除前茬就播种，称铁茬播种。播期超过6月10日，将严重减产。

（二）播种方法

花生有平作和垄作两种种植方式，播种方法包括机械播种和人工播种。应用机械播种能够提高效率，可以一次性完成整地、施肥、喷施除草剂、播种、覆膜、压土等工作。机播地膜花生，应浅播覆土培育壮苗，播种深度应控制在2~3cm，播后覆膜镇压。选择人工播种时，多为开沟点种或挖穴点种。一般情况下，适宜的播种深度为3~5cm。北方适宜播深为4~5cm。黏性土壤宜浅播，一般播深为3cm；砂土和砂壤土宜深播，一般播深为8cm。土壤墒情差时，宜深些，反之则宜浅些。为提高花生的抗旱能力，在播种之后要镇压。播种之后镇压既能减少水分蒸发，也能保证种子和土壤紧密接触，促使土壤下层水分上升，避免种子落干，从而促进种子发芽。

（三）合理密植

1. 合理密植的原则

（1）**根据品种类型** 不同品种类型花生的生长习性不同，种植密度也不同。一般普通型直立花生品种，株型紧凑，种植密度宜大；普通型蔓生品种，株型分散，种植密度宜小。晚熟品种，生育期长，种植密度宜小；早熟品种则反之。珍珠豆型品种，生育期短，分枝少，株型紧凑，单株所占营养面积较小，种植密度适当增大。

（2）**根据土壤肥力** 土层较薄、肥力较低的田块，花生株丛较小，宜适当增加单位面积的株数；土层深厚、肥力较高的田块，花生株丛高大，宜适当减小种植密度，以充分发挥单株生产潜力。

（3）**根据栽培条件** 一般情况下，与合理密植关系较密切的生产条件是肥和水。总体来说，肥水条件较好的田块，种植花生的密度宜小些；反之，种植密度宜大。另外，高温多雨地区，植株生长旺盛，种植密度宜小；干旱地区种植密度宜大。

（4）**根据播期** 春播花生生育期较长，植株体大，单株生产潜力大，密度宜小；夏播花生，尤其是麦后直播花生，生育期较短，植株体小，密度宜大。

2. 合理密植的幅度

花生的种植密度由每亩穴数和每穴株数两因素构成，以每穴两株产量最高。北方大花生区，在土壤中等肥力条件下适宜种植的密度范围为：春播普通型大花生为每亩7000～8000穴，春播小花生为每亩9000～10000穴。夏播花生密度应比春播花生增加20%～30%。麦垄套种时，大花生应维持在每亩8500～9000穴，小花生为每亩11000穴；小麦收后直播时，普通型大花生为每亩9000～10000穴。在此基础上，土壤肥力高时，可适当减少种植密度，而在旱薄地可适当加大种植密度。

一般情况下，大粒型品种花生的每亩播种密度掌握在8000～11000穴，小粒型品种花生每亩播种的密度掌握在1.5万～1.8万穴；单行播种的可以适当播密一些，双行播种的可以适当播稀一些；土壤水肥状况较好的可以适当多播种进一步提高产量，土壤水肥状况差的可以适当稀播确保稳产。

 技能训练 花生种子精选与晾晒

一、实训目的

通过实训，掌握花生种子精选及晒果的操作技术要领，培养学生耐心、细致的工作态度，保证种子精选和晾晒的质量。

二、材料用具

花生荚果若干、晒果场地、耧耙、筛网、晾晒网、防水布（或帆布）、铲子、手套等。

三、内容方法

1. 花生种子精选

① 手工精选，挑选出品质优良、无病虫害、无机械损伤的种子。
② 使用筛网对花生种子进行初步筛选，去除杂质和不合格的种子。
③ 精选过程中要注意观察种子的外观、颜色、大小等是否符合生产标准。

2. 花生种子晾晒

（1）**场地选择** 花生荚果不要在石板、金属板、柏油路、水泥地上晾晒，避免高温灼伤种子。可在土地、木板、晾晒网上进行晒果。

（2）**晒果** 播种前10～15天带壳晒种2～4天，选择晴朗、干燥、通风的天气进行。将精选好的花生荚果均匀平铺在选择好的场地上晾晒。注意观察天气变化，如遇阴雨天气及时收回种子。

（3）**翻果** 每隔1～2h对花生荚果进行上下翻动，使所有荚果见光均匀，确保晾晒一致。

四、作业

实际操作,反复练习。

五、考核

现场考核。根据学生实训表现、操作熟练程度、准确度等确定考核成绩。

任务五 大豆播种

任务目标

知识目标:① 了解大豆种子形态、构造及发芽出苗条件。
② 熟悉大豆播种前准备工作,包括选种、种子处理、整地、施肥、灌水等。
③ 掌握大豆播种技术要点。

技能目标:① 能够正确选择和处理大豆种子。
② 能够正确进行大豆播种操作技术。

素养目标:① 培养学生实践能力和创新精神。
② 提高学生的安全意识和环保意识,让其在操作过程中注重节约资源和保护环境。

基础知识

一、大豆种子形态与构造

1. 大豆种子形态

大豆种子形状主要有圆形、卵圆形、椭圆形、长椭圆形、扁椭圆形等,不同品种间种子的形状大小有明显差别。生产上的大豆种子形状多为圆形、椭圆形。种子大小以百粒重表示,小粒种百粒重只有 7g,大粒种百粒重 20g 左右。一般生产用种的百粒重为 15~20g。种子有黄色、青色、褐色、黑色、双色 5 种,以黄色大豆经济价值最高,因此栽培大豆绝大部分种皮为黄色,东北地区一般也称大豆为黄豆。

2. 大豆种子构造

大豆种子是典型的双子叶无胚乳种子,由种皮和胚两部分构成。种皮是种子外面的保护层,由胚珠的外珠被发育而成,占种子重量的 8%。在种皮上有种脐、种孔和脐条等特征。种脐是连接种子与豆荚的珠柄断离时留下的痕迹,有黄白、淡褐、褐、深褐、黑 5 种颜色。脐色是鉴别品种纯度、品质的主要性状之一,脐色越淡且整齐一致,在国际市场上就越受欢迎。脐条是胚珠时期珠柄维管束的痕迹，略凹陷。种孔是胚珠时期的珠孔，种子萌发时胚根由种孔伸出。

胚由子叶、胚芽、胚轴、胚根 4 部分组成。子叶肥厚，黄色或绿色，贮存大量营养，占种子重的 90% 以上，对种子萌发和幼苗初期生长具有重要作用，也是最有经济价值的部分。胚芽由 2 枚真叶、第一复叶原基和生长点构成，萌发后分化出地上各器官。胚根发育成未来的主根，主根再产生侧根，进一步形成根系。连接胚芽与胚根的是胚轴，子叶节到真叶节之间的胚轴称为上胚轴，子叶节以下的部分称为下胚轴。大豆种子寿命一般为 2～3 年，3 年以上的籽粒不宜用作种子。

二、大豆种子萌发与出苗条件

大豆萌发出苗须具备内在、外在条件。内在条件是指种子粒大饱满、健康无病伤、充分成熟，具有强健的生活力且已打破休眠。外在条件主要包括适宜的温度、充足的水分和氧气。

1. 温度

大豆种子在日平均气温达到 6～8℃ 时即可发芽，但发芽缓慢，易霉烂，出苗率低。当温度达 10～12℃ 时才能正常发芽；当日平均气温在 20～25℃ 时，发芽快而整齐；当温度高于 35℃ 时，出苗更快，但幼苗嫩弱。

2. 水分

大豆蛋白质含量高，亲水性强，发芽时吸水量大，种子需吸收相当于种子风干重 120%～140% 的水分才能萌发。种粒大的吸水多，种粒小的吸水少。播种时土壤水分若为田间持水量的 60%～70%，则适宜种子萌发出苗，若土壤水分不足田间持水量的 50%，则大豆难以萌发；若土壤含水过多，高于田间持水量的 80%，则影响大豆的正常呼吸，不利于发芽和形成壮芽，甚至造成烂种、烂芽。

3. 氧气

氧气充足有利于提高种子呼吸速率、加速贮藏养分的分解、促进种子出苗、苗壮。氧气缺乏则种子呼吸弱、发芽慢、出苗弱，甚至不出苗。生产中播种过深、灌水过多、播后覆土过厚、土壤板结、多年未耕地或贴茬播种、大量施用未腐熟有机肥料或鲜秸秆还田过多等均易造成土壤氧气缺乏。

 任务实施 播前准备及播种技术

一、播前准备

（一）种子准备

1. 精选种子

根据当地自然条件、生态类型、不同用途选择熟期适宜、抗逆性强的优质高产品种。同时，为保证全苗，在播种前需精选种子，将病粒、虫蛀粒、小粒、秕粒和破瓣粒拣出。

还需根据本品种的典型特征，剔除混杂的异品种种子，以提高种子纯度。采用人工粒选的效果很好，如果用种量大，可采用螺旋式大豆粒选机，适合大豆种植专业户应用。精选净度要求达97%以上，纯度98%以上。

2. 种子处理

(1) **根瘤菌接种** 对于新开荒地或第一次种大豆地块，进行根瘤菌接种有明显的增产效果。方法是将根瘤菌剂溶入种子重量2%的清水中，搅拌均匀后，将菌液喷洒在种子上，混合均匀，阴干备用。接种后，严防日晒，并在24h内播种完毕，否则，菌种失去活性。根瘤菌接种的种子不能再进行浸种、药剂拌种等处理。

(2) **微肥拌种** 对于缺乏微量元素的土壤，播前用微肥拌种，具有明显的增产作用。一般每千克种子用钼酸铵0.5g，配制成1%～2%的钼酸铵溶液，边喷边搅拌，待搅拌均匀溶液全被种子吸收阴干后即可播种。注意拌种后不要晒种，以免种皮破裂，影响种子发芽。如果种子还需药剂处理，待拌钼肥的种子阴干后，再进行药剂拌种。硼砂拌种，1kg种子用硼砂0.4g，将硼砂溶于16mL热水中与种子混拌均匀即可播种。硫酸锌拌种，1kg种子用硫酸锌4～6g，拌种用液量为种子重量的0.5%。种子处理应特别注意药物的用量和用法，用量过大会抑制种子萌发。

(3) **种衣剂包种** 选用含有咯菌腈+精甲霜灵成分的大豆种衣剂，防治大豆根腐病。如同时防根蛆和地下害虫，可加入噻虫嗪，也可选用多·福·克大豆种衣剂包衣。使用时要注意掌握好剂量，避免出现药害和药物浪费。使用种衣剂包种能起到药剂拌种、微肥拌种的作用，但要注意如果采用了该处理方法，就不宜再用根瘤菌接种了。

(二) 土壤准备

种植的大豆土壤应选择前茬为小麦、玉米等中上等肥力的秋冬翻地，忌重茬。不宜在甜菜、向日葵及其他豆科作物茬口上种植，以减少伴生性病虫害的发生。

1. 整地

大豆根系入土较深并着生根瘤，所以整地要求土壤活土层较深，既要通气良好，又要蓄水保肥。春大豆区，应在秋收后及时秋翻、秋耙，翻地深度以20～25cm为宜。秋翻地块，翌春解冻后，应抓住时机实施耙、耱和镇压等整地措施，使地面平整疏松，保持湿润，以利播种夺全苗。如来不及秋翻，翻地应在早春进行，深度约15cm为宜。一般秋耕宜深，春耕稍浅。夏大豆区，应抢时抢墒播种，在前茬收获后立即旋耕或耙地灭茬，耕翻深16～23cm，并进行细致耙耱，使土地平整、表土疏松，再进行播种。如时间来不及，可出苗时再进行锄地灭茬，达到苗早、苗全的目的。

2. 施肥

为了提高大豆产量，播种前，结合整地要充分施足基肥，基肥施用量应占施肥总量的60%～70%。旱薄地应多施有机肥，施用量应占施肥总量的80%左右。一般撒施农家肥1500～2000kg/亩。有机肥料要腐熟后才能施用，否则肥料中的有机物质分解与大豆争夺土壤中的氮素，不利于大豆的生长和根瘤形成。基肥宜深施、早施。套种田基肥难以施入，除采取前茬作物多施基肥的补救措施外，还要加大追肥的投入。种肥以优质有机肥混入速效的氮、磷、钾为宜。种肥单独施用时，磷酸氢二铵8～10kg/亩、硫酸钾

3~5kg/亩及尿素 3kg/亩。种肥的施用方法因播种方法而定。扣种和翻后打垄种，应在破茬后和打垄前施入；机械条播随播种机播种施入。人工条播施种肥要注意肥、种隔离，以防烧种。

3. 灌水

土壤含水量为田间持水量的 70%~80% 时播种即可。对于墒情不好的地块，有灌溉条件的可在播前 1~2 天灌水 1 次，浸湿土壤即可，以利播后种子发芽。

二、播种技术

（一）适期播种

大豆播种期具体要结合品种特征、气候条件进行确定。

春播大豆影响播种期的主要因素是温度。以 5cm 地温稳定通过 6~8℃ 时为早播适期，5cm 地温达到 10~12℃ 时为播种适期。东北地区以 4 月下旬至 5 月上旬为大豆适宜的播种期。北部地区约为 5 月上旬至 5 月中旬。在播种时，最低温度不能低于 6℃。如果过早进行播种，可能减缓出苗速度，造成田间缺苗或种子腐烂变质。如播种时间过晚，可能出现大豆贪青现象。

夏大豆的播种期主要受前茬农作物收获期限制。夏大豆播种时温度升高，限制发芽的条件是土壤水分，为延长生育期，在前茬农作物收获后，应抢时抢墒播种。在有灌溉条件的地方，麦收前应浇好"麦黄水"或麦收后趁墒抢播，播完后再灭茬保墒，以利大豆出苗。

（二）播种方法

常见的方法有点播、条播等。不同地区应结合当地自然条件和现有农机具情况采用相应方法。

1. 点播

对种子质量要求严格，种子要精选，保证一粒种子一株苗。等距点播适合垄播，也适合平播，可根据需要调节行距、种植密度和覆土深度。播种时利用人、畜力或机械牵引大豆等距点播机进行播种。要求开沟、播种、覆土、镇压、起垄等作业一次完成。点播下种均匀、出苗整齐、节省种子，能达到幼苗生长健壮的目的。

2. 条播

用播种机进行条播，机械条播一般采用平播后起垄或随播随起垄。夏播大豆区普遍采用条播，可将开沟、播种、覆土结合在一起，有利抢墒，提高工效。条播种子直接落在湿土里，播深一致，种子分布均匀，出苗整齐，进度快，能保证大面积适时播种。墒情不足时，播后镇压，提墒防旱。

（三）播种量和播种深度

大豆适宜播种量要根据品种特性、土壤肥力、水肥条件及播种方法而定。一般条件下，大豆播种量为 2~5kg/亩，多的可达 7~9kg/亩，少的为 3~3.5kg/亩。北方春大豆区精量点播用种约 2.7kg/亩，条播用种约 4.3kg/亩。

大豆的播种深度对出苗影响很大，应根据土质、墒情、种粒大小而定。一般播深以 4～6cm 为宜。如播种过深，会造成缺苗或发芽延迟问题出现。播种过浅，易出现落干和芽干的情况，也会影响幼苗的生长。夏大豆播种至出苗温度较高，应适当深播厚盖，以保墒、保出苗。播后要适时镇压，以利接墒、出苗整齐。

（四）合理密植

1. 合理密植的原则

合理密植应根据当地气候条件、土壤类型、土壤肥力、品种特性、栽培技术以及播种期早晚等确定适宜的种植密度。一般肥沃地块宜稀植，贫瘠地块宜密植；早熟品种宜密植，晚熟品种宜稀植；主茎结荚型品种宜密植，分枝结荚品种宜稀植。适宜的种植密度既能保证足够的营养面积，增加单株结荚数、粒数及粒重，又能使单位面积上有足够的株数充分利用地力与光能，增加单位面积上的总荚数、总粒数和总粒重，以达到增产的目的。

2. 合理密植的幅度

大豆种植密度受许多因素的影响，不同地区、不同耕作制度、不同品种的种植密度不同。北方春大豆区多采取 50～60cm 的等行距种植，保苗株数 1.1 万～1.7 万株/亩。夏大豆区多采取 40～50cm 的等行距种植，保苗株数 1.5 万～2.0 万株/亩。

技能训练　大豆播种技术

一、实训目的

通过实训，掌握大豆播种技术，培养学生实践能力和创新精神。提高学生的安全意识和环保意识，使其在操作过程中注重节约资源和保护环境。

二、材料用具

种子、肥料、药剂、播种机、耕地机械、锄头、铁锹等。

三、内容方法

1. 播前准备

（1）**选种**　选择熟期适宜、抗逆性强的优质高产品种。剔除混杂的异品种种子，以提高种子纯度。

（2）**微肥拌种**　参照 [任务实施] 微肥拌种方法。

（3）**土壤准备**　春播大豆的翻地深度以约 15cm 为宜。播种前，结合整地充分施足基肥，一般撒施农家肥 1500～2000kg/亩。

2. 播种

（1）**播种方法**　等距点播，根据生产需要调节行距、种植密度和覆土深度。开沟、播种、覆土、镇压、起垄等作业一次完成。

(2) **播种量和播种深度** 北方春大豆区精量点播用种约 2.7kg/亩，条播用种约 4.3kg/亩。一般播深以 4~6cm 为宜。

(3) **合理密植** 北方春大豆区多采取 50~60cm 的等行距种植，保苗株数 1.1 万~1.7 万株/亩。

四、作业

实际操作，反复练习。

五、考核

现场考核，根据学生实训表现、操作内容完整性和准确性等方面确定考核成绩。

任务六　马铃薯播种

任务目标

知识目标：① 了解马铃薯种薯特征及发芽出苗条件。
② 熟悉马铃薯播种前准备工作，包括选种、种薯处理、整地、施肥、灌水等。
③ 掌握马铃薯种薯播种技术要点。
技能目标：① 能够对优质马铃薯种薯进行催芽处理。
② 能够熟练操作马铃薯种薯切块及播种技术。
素养目标：① 培养学生科学种田的意识和责任感，注重理论与实践相结合。
② 培养学生的实践操作能力，为今后的农业生产实践积累经验。

基础知识

一、马铃薯种薯

马铃薯可以直接用种子繁殖，也可用块茎繁殖，生产上多以块茎繁殖为主。马铃薯块茎是由匍匐茎顶端的节间极度缩短和积累大量养分缓慢膨大而成，属于变态茎，是人们食用的部分，同时又可用作种薯进行栽培繁殖的繁殖器官。

块茎由顶部、表皮、芽眼、基部四部分组成。块茎顶部是指块茎不与匍匐茎相接的一端。芽眼在块茎上呈螺旋状排列，顶部密，基部稀。马铃薯块茎上的芽眼多少、深浅是鉴别品种的主要标志。块茎最顶端的一个芽眼较大，内含芽较多，称为顶芽。块茎萌芽时，顶芽最先萌发，而且幼芽生长快而壮，从顶芽向下的各芽眼依次萌发，其发芽势逐渐减弱，这种现象称为块茎的顶端优势。基部是指块茎与匍匐茎连接的一端，也称为脐部。

二、种薯的萌发出苗

马铃薯种薯在渡过休眠期后，在适宜的温度、足够的水分和氧气条件下即可萌发出苗。

1. 温度

块茎萌发的最低温度为4℃，最适温度为18～20℃，最高温度为35℃。在适宜温度范围内，温度越高、芽眼越靠近顶部，出苗时间越短、生长越旺盛。

2. 水分

马铃薯种薯自身所含水分可满足种芽的萌芽和出苗，因此，种薯有一定的抗旱能力。此期对土壤水分的要求不高，以保持田间最大持水量的60%为宜。

3. 氧气

马铃薯块茎萌发需消耗较多的氧气，如果通气不畅易发生腐烂。生产上必须确保土壤有良好的通气条件，以保证种薯顺利萌发出苗。

✱ 任务实施　播前准备及播种技术

一、播前准备

（一）种薯准备

1. 精选种薯

根据当地自然条件和生产水平以及栽培目的等选用抗病、商品性好、高产、耐贮运的优良品种。在选用良种的基础上选择薯块完整，具有本品种典型特征，表皮光滑柔嫩，芽眼鲜明、深浅适中的幼嫩薯块作种用，去除表皮龟裂、畸形、尖头、芽眼坏死、生有病斑或脐部黑腐的薯块。生产实践证明，最好选用优质脱毒种薯，可增产30%左右。

2. 种薯处理

马铃薯既可以催芽播种，也可以不催芽播种，但对于种植期较晚的地块最好采取催芽播种的方式。播种前20天左右，对种薯进行催芽处理，利于全苗壮苗、促进早熟，提高产量。温床保温催芽的具体做法：床温保持在15～18℃，一般不宜超过20℃，相对湿度保持在60%～70%。种薯堆放以2～3层为宜，每隔几天翻动一次薯堆，使种薯发芽均匀粗壮。待芽长0.5～1.0cm时，摊开晾芽。药剂催芽效果好、时间短，可与沙床催芽相结合。常用赤霉素溶液浸种催芽，切块种薯浓度用0.5～1mg/kg、整薯浓度用10～50mg/kg，浸泡时间为10～20min，捞出种薯可直接播种，或用砂土层积催芽后播种。

3. 种薯切块

将催芽处理好的种薯在播种前1~2天进行切块。种薯切块先从芽眼稀少的底部开始，切成楔状或长三角状，最后切顶部。并保证每个切块上有1~2个芽眼，顶芽要一分为二，切块时要淘汰病烂薯。一般切块最低不宜小于20g，最好在25~30g之间，30~40g的小种薯可以不用切块，可以整播。遇到病薯时要注意切刀消毒，一般用75%的酒精进行消毒。种薯切块后稍加晾干，用草木灰或滑石粉拌后即可播种，也可用春雷霉素、白僵菌、苏云金芽孢杆菌、木霉菌等生物制剂拌种，可防治土传、种传病害和地下害虫。拌种后晾干，装入网袋小垛摆放，保持良好通风，促使伤口愈合，1~2天后播种。切忌切块堆置过久，以免腐烂或干缩。

（二）土壤准备

马铃薯是不耐连作的作物，对连作反应很敏感，生产上要避免连作。尽量选择3年内没有种过马铃薯和其他茄科作物的地块，防止土传病害和地下害虫。土质以疏松、肥沃、排水通气良好、呈微酸性或中性的砂壤土为宜。

1. 整地

马铃薯整地需要深耕细耙，耕作深度一般为25cm左右。对于残茬多或草荒地，深翻要求28~32cm，翻垡严密。对于多年浅耕的地块要进行45cm的深松，深松间距30cm，以打破犁底层。要求整平耙碎达到播种状态。春旱地区可平播后起垄，最好秋季农作物收获后耕翻、耙糖，翌年春天开浅沟播种，然后中耕培土成垄，防止春整地跑墒。旱区多用平畦，便于灌溉，多雨地区宜用高畦，以利排水。

2. 施肥

马铃薯在生长期中需要的营养物质较多，肥料三要素中以钾的需要量最多，氮次之，磷最少。施足基肥对马铃薯增产起着重要的作用。播种前结合整地施足基肥，基肥施用量占总用肥量的3/5或2/3，以充分腐熟农家肥和马铃薯专用肥为主，每亩施用农家肥2000~3000kg，马铃薯专用肥60~80kg或45%硫酸钾复合肥40kg。

3. 灌水

种薯萌发阶段需水量较少，薯块应保持在潮湿的土壤中，但不能太湿，要保证一定的通透性，土壤含水量保持在田间最大持水量的40%~50%，利于发根。如土壤干旱，要在耙地前进行灌溉，保证土壤湿度的一致性。

二、播种技术

（一）适时播种

确定马铃薯播种适期的重要条件是生育期的温度，原则上要使土豆结薯盛期处在日平均温度15~25℃条件下。而适于块茎持续生长的这段时期愈长，总质量也愈大。春播时，当10~15cm土层地温连续三天稳定在7~8℃时即可播种。一般北方一作区，露地种植的马铃薯在4月下旬至5月上中旬播种。过早播种或者地温不稳定，芽块在田里滞留的时间过长，容易造成弱苗甚至不出苗。中原二作区，春薯一般在2月中旬至3月下旬播种。秋薯的播种适期较为严格，通常以当地日平均气温下降至 25℃ 以下为播种适期。一般秋薯以 9 月下旬至 10 月下旬播种为宜，冬薯以 12 月下旬至翌年 1 月中旬播种为宜。

（二）播种量及播种深度

播种量由播种面积、密度和切块大小而定。计算公式为：

$$种薯用量(kg) = 切块重(kg) \times 每亩穴数 \times 计划播种面积$$

一般清种时用种薯 100～150kg/亩，间套种用种薯 100～120kg/亩。

播种密度一般春播种植密度为 4500 株/亩，秋播种植密度为 5000 株/亩。

播种深度直接关系到出苗的整齐度，播种深浅不一，易造成缺苗。生产中要根据土壤质地和墒情而定。土壤黏重、潮湿地区应适当浅播，播深 6～8cm；土壤疏松、春旱严重的地区可适当深播，播深为 10～12cm；山区旱地大都采用深播浅盖、两次封沟的方法，增产效果显著。

（三）播种方法

1. 垄作

在寒冷地区、土壤黏重或低洼易涝地块多采用垄作。一般垄高 30cm 左右，并进行地膜覆盖栽培。春播时，先起垄，后开沟，沟深 3～4cm，可按照垄行距 30cm、早熟品种株距 20cm 左右、中晚熟品种株距 25cm 左右，把种芽向上，均匀点播，播后覆土平垄，然后覆盖地膜。秋播时，先平地开 3～4cm 深的沟，播种时将种芽顺垄沟方向，与垄沟底平行摆放，然后覆土。覆土厚度应根据土壤类型而定，砂质土壤覆土厚度为 8～10cm，黏质土壤覆土厚度为 6～8cm，出苗后及时培土，整平垄面覆盖地膜。

2. 平作

在马铃薯生育期间气温较高，降雨较少而蒸发量较大，气候干燥而又无灌溉条件的地区，多采用平作。一般采用深开沟浅覆土的方法，即用犁开沟 10～15cm，覆土 7cm 左右，出苗至开花前培土填沟。深播能减轻春旱影响，浅覆土可提高地温，利于早出苗。出苗后分次培土，可增加地下茎节数，多结薯。

3. 芽栽

芽栽方法有平栽和斜栽两种。平栽法是开沟后将芽条平摆在沟底，然后施肥覆土。此法宜在温度变化不大、保水性差的砂壤土上采用，能较好地抗旱抗寒，提高产量，但出苗较慢。斜栽法是开沟后将芽条沿沟边倾斜摆放，然后施肥覆土。此法宜在阳坡温暖、土壤黏重的地块上采用。芽栽法因芽条贮藏养分少，生产上要注意追肥和勤浇水。

（四）播种密度

1. 合理密植

合理密植能够发挥个体植株的生产潜力，形成合理的田间群体结构，从而获得单位面积上的最高产量。合理密植应根据气候、土壤、品种、种薯大小及栽培方式等条件而定。一般早熟生育期短品种、种薯切块小、土壤贫瘠、低温干旱地区等,种植密度宜加大;晚熟生育期长品种、整薯或切块大、土壤肥沃、高温高湿地区等,种植密度宜稀。在目前生产水平下,一般早熟品种 4000~4500 株/亩,中晚熟品种 3500~4000 株/亩。

2. 适宜种植方式

在相同种植密度下,一般采用宽窄行、大垄双行和放宽行距、适当增加每穴种薯数的方式较好,有利于田间通风透光,提高光合强度,使群体和个体协调发展,从而获得较高产量。宽窄行的宽行距 70cm,窄行距 30cm,株距 30cm,3600 株/亩左右。大垄双行的垄距为 80cm,双行间距 25cm,株距 23~25cm,3600~5200 株/亩。等行距方式种植的行距 50cm,株距 35~40cm,3300~3800 株/亩。种植面积小的可人工种植,如大面积种植一般东北地区适宜深耕大垄机械化栽培技术,华北地区适宜覆膜保墒、滴灌节水、水肥一体化和全程机械化等栽培技术,西北地区适宜地膜覆盖、膜下滴灌、覆膜集雨和中小型机种机收等栽培技术。

技能训练　马铃薯种薯切块

一、实训目的

通过实训,能够让学生更好地理解和掌握种薯切块方法和步骤。培养学生的实践操作能力,为今后的农业生产实践积累经验。

二、材料用具

种薯、切刀、切板、草木灰、消毒水[75%酒精、0.5%高锰酸钾或 3%的煤酚皂溶液(来苏尔溶液)]、粗天平、小秤等。

三、内容方法

1. 精选种薯

应挑选具有本品种特征,薯块完整,表皮光滑柔嫩,芽眼鲜明、深浅适中的幼嫩薯块作种薯,淘汰受伤,受冻,薯皮粗糙老化、龟裂,芽眼突出,皮色暗淡,染病的种薯。将受伤、染病等种薯剔除干净。

2. 种薯分类

将种薯按 40~60g、80~110g、120g 以上分成 3 类,以便把握切块数。

3. 消毒

切刀、切板用备好的 75%酒精或 3%来苏尔溶液、0.5%高锰酸钾等溶液浸泡 5~10min。

4. 切薯

播种用的每块种薯以留 1~2 个芽、20~30g 重为宜。薯块过小,养分、水分不足,不利于出苗和培育壮苗;薯块过大,播种量太大,不够经济。具体切块方法,30~40g 的小种薯不用切块,可以整播。种薯 40~60g 纵切为两块,80~110g 的纵切成 3~4 块,

120g 以上用斜切法。切块不可切成薄片，并尽量利用顶芽的生长优势。

5. 种薯切块后处理

用草木灰或滑石粉拌后即可播种，也可用春雷霉素、白僵菌、苏云金芽孢杆菌等生物制剂拌种，可以防治土传、种传病害和地下害虫。拌种后晾干，装入网袋小垛摆放，保持良好通风，促使伤口愈合，1~2 天后播种。切忌切块堆置过久，以免腐烂或干缩。

四、作业

完成实训报告，包括实训过程、遇到的问题及解决方法、实训体会等内容。

五、考核

根据学生在实训中的表现、精选种薯的准确程度、切块的熟练程度、消毒的正确与否等确定考核成绩。

知识拓展　科技引领，盐碱地变成新粮仓

盐碱地作为一种特殊的土地类型，长久以来被视为农业的"不毛之地"。其高盐分、低肥力、结构差等特性，极大地限制了农作物的生长，导致大片土地荒废，资源无法得到有效利用。然而，随着科技的飞速发展，这一困境正逐步被打破，盐碱地正逐步转变为新的粮仓，为世界粮食安全贡献着独特的力量。

一、科技创新：生物技术

生物技术是盐碱地改良的重要突破口。通过基因工程技术，科学家们培育出了一系列耐盐碱的作物新品种，如耐盐碱水稻、小麦、玉米等，这些作物能够在高盐环境下正常生长，显著提高了盐碱地的利用效率。微生物修复技术也展现出巨大潜力，其通过引入或培养特定微生物群体，分解土壤中的盐分，改善土壤结构，增加土壤肥力，为作物生长创造了良好的环境。

二、精准管理：灌溉与排水技术

传统的盐碱地治理中，灌溉与排水是关键环节。现代科技使得这一过程更加精准高效。智能灌溉系统能够根据土壤湿度、作物需水量及天气条件，自动调节灌溉量和灌溉时间，既保证了作物生长所需水分，又避免了水资源浪费。而高效的排水系统则能及时排出多余的盐分和水分，防止土壤次生盐渍化，保持土壤健康状态。

三、土壤改良材料：绿色环保与高效利用

在盐碱地改良过程中，土壤改良材料的应用也至关重要。传统方法往往依赖于大量化学肥料和改良剂，不仅成本高，还可能对环境造成污染。如今，科研人员开发出了一系列绿色环保、高效利用的土壤改良材料，如生物炭、有机废弃物、矿物材料等。这些材料不仅能有效降低土壤盐分，还能改善土壤结构，提升土壤肥力，为作物生长提供持久支持。

展望未来，随着科技的持续进步和创新能力的不断提升，盐碱地治理将迎来更加广阔的发展空间。生物技术、信息技术等前沿科技将进一步融合应用于盐碱地治理领域，推动治理技术向更高水平迈进；随着全球对粮食安全和可持续发展的重视日益加深，盐碱地治理将成为保障国家粮食安全、推动生态文明建设的重要途径之一。在科技的引领下，盐碱地将不再是农业的"禁区"，而将成为新的粮仓和希望的田野。

项目测试

一、填空题

1. 小麦种子发芽最适宜温度为（　　　）。
2. 稻种萌发的最低温度，一般粳稻为（　　　），籼稻为（　　　）。
3. 水稻催芽过程可概括为（　　　）、（　　　）、（　　　）、（　　　）四个阶段。
4. 玉米温汤浸种水温 55～58℃，浸泡（　　　）小时为好。
5. 一般北方大花生春播适宜期为（　　　），地膜覆盖播期可比露地提早（　　　）天。

二、选择题

1. 在小麦适宜播期将过，而土壤又严重缺墒的情况下，先播种后浇水，称为（　　　）。
   A. 蒙头水　　　B. 送老水　　　C. 塌墒水　　　D. 茬水
2. 水稻插秧技术中最重要的是（　　　）。
   A. 足插　　　B. 匀插　　　C. 浅插　　　D. 直插
3. 玉米生产上多采用（　　　）作种肥为好。
   A. 碳酸氢铵　　B. 氮、磷、钾复合肥　C. 氯化铵　　　D. 氯化钾
4. 大豆种子寿命一般为（　　　）年。
   A. 1～2　　　B. 2～3　　　C. 3～4　　　D. 4～5
5. 马铃薯是不耐连作的作物，种植时前茬作物宜选择（　　　）为好。
   A. 番茄　　　B. 辣椒　　　C. 茄子　　　D. 玉米

三、简答题

1. 简述小麦播种技术要点。
2. 简述水稻抛栽秧育秧技术要点。
3. 简述玉米机械精量点播技术。

项目评价

项目评价	评价内容	分值	自我评价（10%）	教师评价（60%）	学生互评（30%）	得分
学习能力	知识掌握	18				
	学习态度	10				
	作业完成	12				

续表

项目评价	评价内容	分值	自我评价（10%）	教师评价（60%）	学生互评（30%）	得分
技术能力	专业技能	8				
	协作能力	6				
	动手能力	6				
	实验报告	8				
素质能力	职业素养	6				
	协作意识	6				
	创新意识	6				
	心理素质	6				
	学习纪律	8				
总分		100				

项目三

小麦田间管理

 学前导读

> 小麦是我国最重要的粮食作物之一。其种植面积占全国粮食作物总面积的 1/5，总产量占全国粮食的 1/6。小麦籽粒中富含淀粉、蛋白质、脂肪、矿物质和纤维素等。其营养价值高，用途广。小麦粉能制成人们喜欢食用、易于消化的馒头、面包、面条和多种副食品。此外，麦麸、秸秆、麦糠既是酿造、造纸、纺织业的原料，又是畜牧业的精饲料和粗饲料。
> "守好一段渠，种好责任田"，采取科学有效的田间管理，才能达到高产稳产的效果。合理的管理是保障丰收的重要环节。

任务一　小麦前期田间管理

 任务目标

知识目标：① 了解小麦前期的生育特点。
② 掌握小麦前期的管理目标和管理措施。
技能目标：① 学会小麦前期的看苗诊断技术。
② 能识别小麦常见的病虫草害。
素养目标：① 培养具有"强农兴农"责任担当的新时代农业人才。
② 提高学生动手能力，强化学生身体素质。

 基础知识

一、小麦的生育期与阶段发育

小麦的"一生"是指从种子萌发到新一代种子形成的一个完整周期。

1. 小麦的生育期

小麦从出苗到成熟所经历的时间，称为小麦的生育期。小麦生育期的长短因纬度、海拔高度、耕作栽培制度、品种特性、气候条件和播期早晚而不同。

我国冬小麦区，冬季气温由南向北依次降低，小麦播种期逐渐提早而成熟期逐渐推迟。小麦生育期随气温的下降而延长，因品种不同其时间长短也不同，通常分为早熟品种、中熟品种和迟熟品种。

从南到北，我国冬小麦生育期由 100 天逐渐增加到 300 天以上。而我国春小麦多在高纬度地区，春季播种生育期一般为 100～140 天。

2. 小麦的生育时期

根据冬小麦在不同时期形成和出现不同的器官，一般把小麦的"一生"划分为 12 个不同的生育时期。各生育时期划分及标准如下：

(1) **出苗期** 50%以上的幼苗出土后，第一片真叶伸出胚芽鞘 1.5～2.0cm 的日期称为出苗期。

(2) **3 叶期** 50%以上主茎第三片叶伸出 1cm 的日期为 3 叶期。

(3) **分蘖期** 50%以上植株第一个分蘖从主茎叶腋里伸出 1～2cm 的日期称为分蘖期。

(4) **越冬期** 当气温稳定降至 3℃ 以下时，麦苗地上部分基本停止生长的日期称为越冬期。

(5) **返青期** 春季气温稳定上升到 3℃ 以上，麦苗心叶长出 1cm 以上，叶色由灰绿转为青绿的日期称为返青期。

(6) **起身期** 植株由匍匐转向直立，叶间距达 1.5cm，主茎第一节开始伸长的日期称为起身期。

(7) **拔节期** 50%以上植株主茎第一节离开地面 1.5～2.0cm，用手指可以摸到地面上第一个茎节的日期称为拔节期。

(8) **孕穗期** 50%以上旗叶全部露出叶鞘、叶片展开的日期称为孕穗期，也称挑旗期。

(9) **抽穗期** 50%以上麦穗抽出一半（不连芒）的日期称为抽穗期。

(10) **开花期** 50%以上植株麦穗中部小花开放的日期称为开花期。

(11) **灌浆期** 50%以上植株麦穗中的籽粒长度达到最大长度的 80%，从籽粒中可挤出汁液的日期为灌浆期。

(12) **成熟期** 50%以上植株的籽粒变硬，呈现本品种固有特征的日期称为成熟期。

由于南方地区冬季较温暖，即使在最冷的 1 月，大部分地区的小麦也没有完全停止生长，因此没有明显的越冬期和返青期。春小麦由于春季播种，因此没有越冬、返青和起身 3 个生育时期。

3. 小麦的阶段发育

小麦必须通过几个内部质变的发育过程，才能完成其生活周期，产生新一代种子。这些内部的质变阶段，称为阶段发育。目前，对小麦阶段发育研究得比较清楚并和生产有密切关系的有两个阶段：

（1）**春化阶段** 小麦种子萌发以后，其生长点除要求一定的综合条件外，还必须通过一个以低温为主导因素的影响时期，才能形成结实器官抽穗结实。这段低温影响时期，称为小麦的春化阶段。

（2）**光照阶段** 小麦通过春化阶段后，只要外界条件适宜，即可进入光照阶段。小麦通过此阶段的主导因素是日照的长短。小麦是长日照农作物，要通过光照阶段，必须经过一定天数的长日照时间，才能完成内部的质变过程而抽穗结实。小麦这段长日照的影响时间，称为光照阶段，又称感光阶段。

根据小麦光照阶段对日照长短的反应不同，将小麦品种划分为3种类型，即反应敏感型、反应中等型、反应迟钝型。

二、小麦的器官建成

1. 根系

（1）**根系的形态** 小麦为须根系，由初生根（种子根）和次生根（节根）组成。初生根一般为5条，少则3条，条件适宜时可达7条。在种子萌发时，由胚根发育形成，当第一片真叶出现时就停止发生。初生根形态细长，发生较早、生长速度较快、入土较深，能吸收利用土壤深层的水分与养分，出苗至拔节是发挥其作用的主要时期，但在小麦"一生"中均有作用。

次生根着生于分蘖节上，与分蘖同时发生，每个正常的分蘖可长出1~2条次生根，所以分蘖多的麦株，根系也较发达。次生根发生晚、数量大、较粗壮、入土浅，是小麦的主要根系，在小麦生育中后期起重要作用，也是幼穗分化、茎叶生长及籽粒形成与充实所需肥水的主要供应者。

（2）**根系的生长** 小麦根系的生长，以出苗到分蘖期间最快，其次是分蘖期后到抽穗，开花后根量不再增加。根系主要分布在0~40cm土层中，其中，总根量的70%~80%在20cm以内土层中。根系入土最大深度为1.5~2.0m。冬小麦根系总量常大于春小麦。

2. 茎

（1）**茎的形态** 小麦茎呈圆筒形，由节和节间组成。节坚硬充实，多数品种节间中空，但也有实心的。冬小麦主茎有9~15个节，地上部4~6个节间，多数5节。春小麦有7~12个节，通常地上部4个节间。茎的基部节间短而坚韧，向上逐节加长，穗下节间最长，为茎秆总长度的1/3~1/2。茎秆粗度，通常第一节间较细，第二、第三节间加粗，穗下节间又较细。茎有支持、输导、光合与贮存作用。高产麦田的小麦茎秆粗壮，节间短，基部充实，机械组织发达，富有弹性，有较强的抗倒伏能力。

（2）**茎的生长** 小麦起身期，基部节间开始伸长，至拔节期，节间伸长速度加快。各节间的伸长活动，由下而上依次进行；相邻节间的伸长过程有重叠现象，下位节间明显伸长的同时，相邻上位节间也开始伸长。

株高、茎秆韧性、基部节间长短及粗细等是茎秆的主要性状。

3. 叶

小麦主茎上的叶片数因品种、播种期、土壤肥力等因素的不同而不同，一般冬性品种和半冬性品种较多，春性品种较少。南方冬小麦一般有9～13叶，北方冬小麦一般有12～15叶，春小麦一般为7～12叶。同一品种相对比较稳定，在早播、稀播及肥水充足时叶数较多。小麦叶片自下而上逐层伸出、展开、衰老，重叠交替。

小麦叶片有不完全叶和完全叶（真叶）两种。不完全叶只有叶鞘（包括胚芽鞘和分蘖芽鞘）；完全叶由叶片、叶鞘、叶耳、叶舌组成。同一茎上的叶片，自下而上渐次增长、增宽，一般倒2叶最长，旗叶（倒一叶，为茎最顶端的叶片）最宽。

三、小麦前期生育特点

冬小麦前期是指出苗至返青期。春小麦前期是指出苗至拔节期。此期是决定穗数多少的关键时期。

（1）**以营养生长为主**　这一时期是以长根、长叶、长蘖等营养器官的生长为主，到起身期分蘖几乎全部出现。

（2）**是决定单位面积穗数的时期**　麦苗及分蘖的生长状况直接影响着中、后期群体的大小，因此，此期是决定穗数的关键时期。

（3）**为小麦安全越冬和早春生长奠定基础**　小麦在越冬前，光合产物在叶片、叶鞘和分蘖节中贮存了大量营养物质，同时，根系不断形成，这些均为冬小麦安全越冬及返青生长奠定了基础。

春小麦生育期短，分蘖与穗分化同时进行。

四、小麦前期管理目标

冬小麦在全苗、匀苗的基础上，促根增蘖，培育壮苗，安全越冬，为穗大粒多打下良好基础。春小麦使早期分蘖快生早发，抑制后生小蘖。

 任务实施　小麦前期管理措施

一、及早查苗补苗，适时间苗疏苗

小麦播后及时查苗补苗，在生产上一般以麦垄行"10cm无苗为缺苗，17cm无苗为断垄"。为了使补种的麦田与早播的大苗减小差距，在小麦出苗后3～5天，将同一品种的种子，可按1kg种子和1kg水的比例浸种1天，捞出晾1～2h后补种；如补种偏晚，种子要进行催芽，这样可早出苗2～3天；如果时间太晚，已不能补种的麦田，可在分蘖期后进行疏苗移栽。移栽要栽大苗、壮苗，为保证成活，移栽时覆土深度以"上不压心，下不露白"为宜。栽后压实、浇水、覆土。间苗、疏苗能保证苗匀苗壮，因此，对群体过大的麦田及一般麦田的"疙瘩苗"要及早进行间苗、疏苗。

二、防治病虫

较早播种的麦田，灰飞虱、蚜虫等虫害常发生较重，除危害麦苗生长以外，还易引起病毒病的蔓延，应及时防治。

1. 主要虫害

主要有地下害虫金针虫、蛴螬和地上部的蚜虫。

地下害虫防治方法是：进行种子或土壤处理。种子处理可用50%辛硫磷、40%乐果乳油等，用药量为种子重的0.1%~0.2%。先用种子重5%~10%的水将药剂稀释，用喷雾器均匀喷拌于种子上，堆闷6~12h，使药液充分渗透到种子内即可播种，可兼治多种地下害虫。土壤处理是指结合播前整地，用药剂处理土壤。常用药剂有50%辛硫磷乳油，每亩250~300mL；另外，还可以采用毒饵诱杀法进行防治，即利用90%晶体敌百虫乳油、40%乐果乳油等，用药量为饵料重的1%。先用适量水将药剂稀释，然后拌入炒香的谷子、麦麸、豆饼、米糠、玉米碎粒等饵料中，每亩施用1.5~2.5kg。

2. 主要病害

主要病害有白粉病、锈病和纹枯病。

(1) 白粉病和锈病的化学防治 用种子重0.03%有效成分的三唑酮拌种，可有效控制苗期病害发生，减少越冬期的病源；发病后每亩用25%三唑酮可湿性粉剂15~20g，加水50kg进行喷雾。

(2) 纹枯病的化学防治 每亩用药量为5%井冈霉素水剂150mL兑水60kg。另外，使用70%甲基硫菌灵可湿性粉剂75g兑水100~150kg喷雾，均有较好的防治效果。

三、施好分蘖肥，浇好盘根水

对地力、墒情不足和播种较晚而形成的弱苗，于3叶期追分蘖肥，浇盘根水，有促弱转壮、利于分蘖的作用。追肥量和浇水量均不宜太大，一般追施纯氮45~60kg/hm^2。浇水后要及时中耕松土，防止土壤板结。对于基肥足的麦田，则不需施肥。

春小麦早施肥、早灌水是使弱苗转化为壮苗，促进低位分蘖早生快长，提高分蘖成穗率，并促进幼穗分化和增蘖、增穗、穗大粒多的关键措施。可于2叶1心时灌头水，结合浇水重施苗肥，施纯氮50~70kg/hm^2。灌水要均匀，不可积水。

四、冬前追肥

地力差、基肥不足、冬前群体偏小、长势较差的缺肥弱苗，应在越冬前追施越冬肥，促根壮蘖，保苗越冬。可施纯氮75~90kg/hm^2。对壮苗不宜多施速效氮肥，以免冬春分蘖过多，群体过大，茎秆细弱，易发生早期倒伏。对于有旺长趋势的麦田，不宜追肥，应深中耕断根，控制生长。

五、适时冬灌

冬小麦适时冬灌可以缓和地温的剧烈变化，防止冻害；为返青保蓄水分，做到冬水春用；踏实土壤，粉碎坷垃，防止冷风吹根；消灭地下害虫。冬灌是冬小麦在越冬期和早春防冻、防旱的关键措施，对安全越冬、稳产增产有重要作用。

冬灌一般以日平均气温下降到3℃时开始，到0℃以前结束。浇水过晚，地面积水结冰，使麦苗窒息或遭受冻害，造成死苗。浇水过早，易使麦苗生长过旺，并因失墒较多，达不到预期的效果。农谚"不冻不消，灌溉过早，只冻不消，灌溉晚了，夜冻昼消，灌溉正好"形象地说明了冬灌的时间。

冬灌的水量不宜过大，但要浇透，以浇后当天全部渗入土壤为宜。如果越冬前土壤含水量为田间最大持水量的 80% 以上，可不进行冬灌。对无分蘖或分蘖少的麦田，可以不灌。

六、镇压与中耕

冬季镇压可以增温、保墒、通气，填实土壤裂缝，压碎坷垃，减少水分蒸发，具有防寒、保墒、促根生长的作用。冬季镇压在分蘖后至土壤解冻前的晴天中午进行。但在土壤过湿、盐碱以及弱苗的情况下，一般不宜镇压，以免造成土壤板结、返碱，不利麦苗生长。

七、严禁放牧啃青

"牲畜嘴里有粪，越啃越嫩"的说法是严重错误的。放牧啃青会大量减少小麦植株绿叶面积，严重影响光合产物的制造和积累，影响分蘖，造成显著减产。

技能训练　小麦越冬期看苗诊断

一、实训目的

掌握冬小麦冬前看苗诊断方法，学会分析苗情并提出相应的田间管理措施。培养具有"强农兴农"责任担当的新时代农业人才。提高学生动手能力，加强学生身体素质。

二、材料用具

供调查的麦田等。

三、内容方法

1. 时间

小麦越冬期。

2. 观察对象

老师事先对学校周围麦田进行观察，确定 3 类麦田（壮苗、旺苗、弱苗）。学生在越冬期观察冬小麦苗龄、分蘖、根系、叶色、株高及幼穗分化情况。

3. 苗情分类

(1) **壮苗**　个体苗壮，群体适宜，叶片宽厚、挺直、长短适中，叶色葱绿，根系发达。冬小麦单株次生根 10 条以上，洁白粗壮，穗分化正常，春性品种达二棱期，半冬性品种达单棱期或二棱始期。

(2) **旺苗**　植株肥大，分蘖多，叶色墨绿，叶片肥大披垂，远看麦田封垄，不见行间，出叶和分蘖速度快，群体总茎蘖数过多的为真旺苗；叶片细长，苗高而细，叶大而黄，麦苗"蹿高"旺长的属于假旺苗。

(3) **弱苗**　植株细长瘦弱，分蘖不按期发生、细弱，出叶慢，叶片细长而薄，叶色淡黄。

四、作业

根据田间观察的结果,完成小麦越冬期 3 类苗调查登记表。

小麦越冬期 3 类苗调查登记表　　　　年　月　日

地块名称	品种	播种期	平均苗龄（叶数）	平均分蘖数/个	叶色	平均根系数/个	平均株高/cm	苗情确定

任务二　小麦中期田间管理

任务目标

知识目标：① 了解小麦中期的生育特点。
　　　　　② 掌握小麦中期的管理目标和相应的田间管理措施。
技能目标：① 学会小麦中期的看苗诊断技术。
　　　　　② 能识别小麦中期常见的病虫草害,会指导病虫害防治时药剂的选择和使用。
素养目标：① 培养具有"强农兴农"责任担当的新时代农业人才。
　　　　　② 提高学生田间管理的无公害生产理念和环保意识。

基础知识

一、小麦中期生育特点

冬小麦生育中期指从返青到开花期。春小麦生育中期指从拔节到抽穗期。此期是争取穗大粒多的关键时期,也是为增粒增重打基础的时期。

1. 营养生长和生殖生长并盛

根、茎、叶、蘖等营养器官在此期已全部形成,长出全部茎生叶,分蘖由高峰逐渐走向两极分化,进入营养生长和生殖生长并盛期。

2. 是决定成穗率的关键时期

生长中心由叶、蘖等营养器官转入以茎、穗为主,是决定成穗率和争取壮秆大穗的关键时期。

3. 需肥、需水量大

此期植株生长变化大，生长速度快，对水、肥要求十分迫切，反应也很敏感。

二、小麦中期管理目标

在前期管理的基础上，根据小麦中期的生育特点，掌握小麦同伸器官与穗分化的对应关系，准确实施肥水等管理措施，满足小麦生长发育的需求，协调群体与个体之间、器官与器官之间的关系，从而实现穗大粒多、壮秆不倒的目的，同时为籽粒形成和成熟奠定良好的基础。

 任务实施 小麦中期管理措施

一、诊断苗情，分类管理

冬小麦春季麦苗返青后，要及时诊断苗情，根据苗情对症下药，因苗管理。

1. 壮苗

应控制春生分蘖，做到保蘖增穗、促花增粒，可于起身期或起身后的小花分化期施用肥水。如麦苗偏旺，可通过深中耕断根或镇压控制，促进麦苗两极分化，待出现"空心"蘖时，再施肥稳促。对壮苗追肥浇水，不应过早，也不能过晚，以免引起田间郁闭，贪青晚熟，导致减产。

2. 旺苗

应以控为主，不施返青肥，不浇返青水，深中耕断根、散墒，或拔节前喷矮壮素、镇压，加速两极分化。施肥浇水可放到拔节后第二节长度固定时进行。对播种早、播量大、施肥多、冬前旺、冻害严重的麦田，可提早追肥浇水，并中耕增温，争取"多起头""少撇头"，拔节后酌情浇水追肥，促花增粒。

3. 弱苗

对于弱苗麦田，中期管理应以促为主，同时对不同情况下形成的弱苗应区别对待。如对薄地、未施肥、墒情差的麦田，下部叶片枯黄的弱苗，应早用水肥。对肥沃地、冬前已经追过肥、墒情好、苗龄小的晚播弱苗，应早中耕促早发，追肥浇水推迟在起身后进行。对肥力高、播种早、播量大、群体大、个体弱的假旺苗，应尽早疏苗，而后追肥中耕。对盐碱地麦苗，叶尖发紫时及时浇水压盐，防止死苗。各种类型的弱苗，一般均应把握不同情况，追肥浇水，促蘖增穗，提高产量。拔节时，各类弱苗一般都要追肥浇水。

春小麦拔节期浇二水。灌水时要根据植株的长势长相灵活应用。长势正常、土壤肥力基础好和墒情足的麦田，可不浇或少浇，同时每公顷追施纯氮20～30kg，以保麦株壮而不旺；长势偏旺的麦田适当不浇或延迟浇拔节水，以控旺转壮，以防后期倒伏；长势较差的田块，浇二水时每公顷追施纯氮30～40kg，以促弱转壮。

二、浇好孕穗水，酌施孕穗肥

小麦孕穗期对水分很敏感，是需水临界期，各类麦田均应浇好孕穗水，浇水时间应在拔节后 15 天左右。但对肥力较高、长势偏旺、墒情较好的麦田，应推迟浇水，不需追肥；对地力差、苗色黄、有脱肥现象的麦田，可结合浇水，每公顷施纯氮 30kg 以上。此期水肥的作用主要是促进穗下节间伸长，延长上部叶片功能期，防止小花退化，提高结实粒数。应当特别指出，孕穗肥不可过晚过多，以免贪青晚熟，降低粒重。

三、防治病虫害

该时期的主要害虫有麦蚜和叶螨等，主要方法是化学防治。

麦蚜防治：每亩用 50% 抗蚜威可湿性粉剂 10g，兑水 50kg 喷雾，也可用 10% 吡虫啉可湿性粉剂 50～70g，兑水 50kg 及时防治。

叶螨防治：可于害螨发生初盛期田间喷药进行防治。即用 20% 哒螨灵可湿性粉剂 2000 倍液、20% 双甲脒乳油 1500 倍液、73% 炔螨特乳油 2000～3000 倍液等进行防治。

该期主要病害是白粉病、锈病、纹枯病等，冬小麦中期的主要病害是白粉病、锈病等。春小麦要注意防治丛矮病。其防治技术见前期的病虫害防治。

四、预防晚霜冻害

小麦处于出穗前后，不耐低温，我国北方春季常有晚霜发生。遇到晚霜便易遭受冻害。应根据气象预报，在霜前 1～2 天浇水。这是因为水有较大的热容量和导热率，能缓和低温变幅，同时，水能增加田间湿度，也能缓和低温变幅，有预防和减轻霜冻危害的效果。

 技能训练　小麦中期看苗诊断

一、实训目的

掌握小麦春季看苗诊断方法，学会分析苗情并提出相应的田间管理措施。

二、材料用具

供调查的麦田等。

三、内容方法

1. 时间

小麦越冬后（黄淮海麦区在 2 月中下旬）。

2. 观察对象

老师对周围麦田进行观察，事先确定好 3 类麦田（壮苗、旺苗和弱苗）。学生在返青、起身期观察小麦苗龄、分蘖、根系、叶色、株高及幼穗分化情况。观察叶色、叶片生长状况，群体大小，次生根生长情况。观察小麦分蘖发生情况（分蘖的大小、叶片多少、主茎叶片数与分蘖的发生相对吻合情况）。

3. 苗情分类

（1）**壮苗** 壮苗叶色青绿，叶大不披，个体健壮，冬小麦春季返青早，次生根在20条以上，群体适宜，越冬前3叶以上大蘖数已接近或达到计划成穗指标。

（2）**旺苗** 旺苗生长猛，叶色墨绿，叶片下披，冬小麦群体大，根系弱，各器官之间发育不协调，春蘖多，拔节速度快，封垄早，通风透光不良，越冬前3叶以上大蘖数明显高于计划成穗指标。

（3）**弱苗** 弱苗秆细而长，叶片窄小，叶色淡，生长慢，叶片数较少，拔节慢，冬小麦分蘖大小不齐，群体小，越冬前3叶以上大蘖数明显低于计划成穗指标，或播种过早，分蘖过多，年前较旺，返青后叶片发黄，有脱肥现象。

四、作业

根据田间观察结果，完成表格。

小麦中期3类苗调查登记表　　　　　　年　月　日

地块名称	群体量	平均苗龄	平均分蘖数/个	叶色	平均根系数/个	株高/cm	苗情确定

五、考核

现场考核，根据学生调查诊断的熟练程度、准确度、实训报告的质量、学生实训表现等确定考核成绩。

任务三　小麦后期田间管理

任务目标

知识目标：① 了解小麦后期的生育特点。
② 掌握小麦后期的管理目标和相应的田间管理措施。

技能目标：① 学会小麦后期的看苗诊断技术。
② 能完成小麦后期田间管理的病虫害防治和穗大粒多的措施。

素养目标：① 培养具有"强农兴农"责任担当的新时代农业人才。
② 培养学生科学种田、技术兴农的思想，提高学生的创新精神。

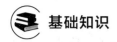 **基础知识**

一、小麦后期生育特点

冬小麦后期是指从开花至成熟期。春小麦后期是指从抽穗至成熟期。此期是决定穗粒数、粒重和籽粒品质的关键时期。

1. 以生殖生长为主

营养生长基本停止，进入以开花、结实、灌浆、成熟等生殖生长为主的阶段。

2. 是争取产量的关键时期

营养物质迅速向籽粒输送，籽粒逐渐增大，是最后决定粒数和争取粒大、粒饱的关键时期。

二、小麦后期管理目标

养根护叶，防止早衰、贪青，提高光效，促进灌浆，增加粒数，提高粒重，丰产丰收。

 任务实施 小麦后期管理措施

一、合理浇水

小麦从抽穗到成熟要消耗大量水分。土壤水分以维持田间最大持水量的70%～80%为宜。应根据实际情况，在小麦抽穗后浇好扬花水，以提高结实粒数；至开花后10天左右浇好灌浆水，争取籽粒饱满；在小麦成熟前10天左右，麦穗绿色渐褪，茎叶开始转黄，籽粒进入乳熟末期时，浇好麦黄水，对维持根系功能、防止早衰和干热风危害、增加粒重有良好作用，同时利于后作播种。但在水肥充足、群体过大或贪青晚熟麦田，切不可浇麦黄水，以免倒伏减产。

南方麦区，小麦生育后期降水量大，根系易遭受渍害，使得麦株生理缺水，造成高温逼熟，同时也加重了病害。因此，要及时疏通排水沟，做到沟底不渍水，降低土壤湿度，防止积水使根系早衰。

春小麦进入开花灌浆阶段，灌水时间和灌溉与否，要视墒情灵活掌握，切忌大风天灌水或大水浸透式多块田串灌，以免倒伏减产。同时注意防止涝害。

二、叶面追肥

在小麦开花灌浆期间，对植株养分水平偏低的麦田，可进行叶面喷肥补充。开花刚过至灌浆初期，喷施1%～2%的尿素溶液、2%～4%的过磷酸钙溶液、0.2%磷酸二氢钾溶液，每公顷喷750kg左右，对延长叶片功能期、促进灌浆、增加粒重有一定效果。一般大田叶面喷施氮肥效果较好，高产田喷施磷、钾肥较好。

三、防止早衰与贪青

小麦的早衰与贪青大都是中期水肥不当引起的。如果中期缺水和氮素,后期叶片中叶绿素含量就会减少,光合能力减弱,提供有机养分减少,遇到干旱就会出现早衰,直接影响灌浆,导致穗粒数减少,粒重下降;如果中期施氮过多,后期叶片中的叶绿素含量就会过剩,遇到阴雨天气和土壤水分过多,便会引起贪青,制造的养分被叶片本身大量消耗,减少向籽粒输送,产量同样会降低。防治措施:一是中期施肥,尤其氮素肥料要适当,宁少勿多;二是后期土壤含水量要适宜,以保持田间最大持水量的70%为宜。保护和延长上部叶片的功能,促进植株光合产物向籽粒正常运转,直到生长后期叶片保持自然落黄。

四、防止"青干逼熟"

"青干逼熟"是指小麦在灌浆期间遇到高温、干旱、土壤水分不足,伴随着强风,出现所谓"干热风"的袭击,使小麦植株体内水分供应失调,影响籽粒中养分积累的现象。防止"干热风"的措施:一方面选用早熟品种,适时早播,增施钾肥,促进早熟,避开干热风的袭击;另一方面加强后期管理,适时浇水,满足小麦对水分的需求,保持植株体内水分平衡,增加土壤与空气湿度,以减轻干热风的危害。

五、放倒伏

俗语说"麦倒一把糠"。倒伏对小麦影响十分严重,倒伏越早对产量影响越大。小麦倒伏分为茎倒伏和根倒伏两种情形。茎倒伏往往是由追肥不当,氮肥施用过多,密度过大,通风透光不良,茎基部柔弱所造成。根倒伏是由耕作层浅,播种太浅,或由土壤渍水、根系发育不良所造成。

防止倒伏对小麦生产具有特别重要的意义,措施如下。

(1) **选用抗倒伏品种** 一般茎秆较短而粗壮,叶片挺立或上冲的品种,抗倒能力较强。高产田要突出选用矮秆高产品种,如'百农矮抗58'具有十分明显的抗倒伏能力。一般认为株高以85cm左右为宜。但对于中产田,倒伏不是主要矛盾,不宜盲目引用矮秆品种。

(2) **打好播种基础** 一要增施有机肥料;二要增施磷钾肥;三要加深耕层,精细整地;四要提倡精量、半精量播种,合理密植;五要提高播种质量,达到苗匀、苗全和苗壮的目的。通过上述措施,就能促进根系发育,避免群体过大,防止小麦倒伏。

(3) **控制合理群体** 从控制基本苗数做起,在生育后期,通过肥水促、控措施,调节总茎数和叶面积系数,达到合理的群体结构,改善小麦株间光照条件。

(4) **科学用肥** 要增施磷肥,控制氮肥,补施钾肥,调整氮、磷比例。高产麦田氮素化肥的用量,纯氮不宜超过225kg/hm^2,氮磷比以1:(0.7~0.8)为宜。

(5) **控旺转壮** 对群体过大的旺苗,在起身、拔节期就要采取防倒伏措施,转化苗情,控旺转壮。其转化措施有:控制水肥,喷多效唑或矮壮素,深中耕断根,镇压等。

六、防治病虫害

小麦生长后期主要的害虫有吸浆虫等,主要病害有白粉病、锈病、叶枯病、赤霉病等。

吸浆虫防治：在小麦抽穗期，每亩用80%敌敌畏乳油100g，兑水3.5～4kg，喷在7.5～10kg的麦糠壳上，拌匀后，立即撒施可取得良好效果。

赤霉病防治：于扬花初期，每亩用50%的多菌灵可湿性粉剂75～100g，或80%的多菌灵粉剂50g，兑水50～75kg喷雾。

七、适时收获和贮藏

小麦的蜡熟期，茎叶中营养物质向籽粒的运转已基本结束。到蜡熟末期籽粒干重不再增加，淀粉含量也最高。农谚说的"九成熟，十成收；十成熟，一成丢"就是如此。

 技能训练 小麦后期看苗诊断

一、实训目的

掌握小麦后期看苗诊断方法，学会分析苗情并提出相应的田间管理措施。

二、材料用具

处于抽穗期的麦田。

三、内容方法

冬小麦抽穗后观察叶色、植株生长状况、灌浆速度等情况。苗情分类如下。

1. 正常麦田

麦田通风透光好，苗脚干净利落，植株有弹性，上部3片叶片保持正常绿色面积，灌浆快，活熟到老。

2. 贪青麦田

叶色浓绿，叶片过旺，麦田郁闭，灌浆速度减慢，后期枯死早熟。

3. 早衰麦田

抽穗到乳熟期叶色发黄，上部3片叶片颜色消退比正常麦田快，后期植株不能正常成熟，提早衰亡，灌浆期缩短，粒重降低。

四、作业

根据田间观察结果，完成表格。

小麦后期3类苗调查登记表　　　　年　月　日

地块名称	群体量	平均苗龄	平均分蘖数/个	叶色	平均根系数/个	株高/cm	苗情确定

五、考核

现场考核,根据学生调查诊断的熟练程度、准确度,实训报告的质量,学生实训表现等确定考核成绩。

 知识拓展 春小麦高产生产技术要点

(1) **适期早播,提高播种质量** 我国春小麦主要分布在高纬度或高海拔地区,春季温度上升较晚,当春小麦进入分蘖期时,温度又上升很快,拔节期易受到干旱的威胁,这些情况都要求春小麦早播;而春小麦种子耐寒性强,能在 1~2℃情况下缓慢发芽,适合早播。因此,适期早播,缩短播期,是春小麦高产栽培的一项重要措施。

春小麦具体的播种日期应以种子能在土壤中吸水萌动,并保证播种质量为宜。我国春小麦的播种适期为 3~4 月,北部高寒地区一般为 4 月中、下旬,南部可适当早一些。

播种时要注意适当浅播,深度以 3~4cm 为好,浅播利于早出苗和幼苗早发。

(2) **土地选择** 进行超高产小麦生产,必须以高的土壤肥力和良好的土肥水条件为基础。山东的生产实践证明,凡是小麦生产水平稳定在每亩 500kg 及其以上的地块,耕层土壤养分含量一般都达到有机质 1.2%以上、全氮 0.09%以上、碱解氮 70mg/kg 以上、速效磷 25mg/kg 以上、速效钾 90mg/kg 以上。

(3) **施肥** 超高产田的施肥原则是:一要有机肥、无机肥配合使用;二要氮、磷、钾配方施肥;三要在氮肥施用上,底肥与追肥的比例均为 50%。

(4) **整地** 要求采用机耕,耕深 23~25cm,打破犁底层,不漏耕,耕透耙透,耕耙配套,无明暗坷垃,无架空暗垡,达到上松下实;耕后复平,作畦后细平,保证浇水均匀,不冲不淤。

(5) **合理密植** 春小麦分蘖期短,分蘖能力弱,成穗率低,分蘖穗在产量组成中的作用较小,一般习惯上采用高播量,高密度,以子保苗,以苗保穗,依靠主茎成穗夺取高产。以主茎为主,同时争取适当分蘖是春小麦增产的中心环节。春小麦播种量一般应掌握每亩 15~18kg。

(6) **前期早促早管,后期防止贪青或早衰** 第一次肥水应在 3 叶期施用,拔节孕穗期再适时浇水和适当追肥,防止后期贪青或早衰。另外,前期中耕是提高地温、促进根系发育的重要措施。

 项目测试

一、名词解释

1. 小麦前期生长阶段
2. 分蘖节

二、填空题

1. 确定冬小麦适宜播期要根据( )、( )两种。
2. 冬小麦籽粒成熟过程根据其特点包括( )、( )、( )和( )4 个过程。

3. 影响冬小麦粒重的主要因素有（　　）、（　　）、（　　）、（　　）等。
4. 小麦的初生根在疏松的耕层中（　　）、（　　），形成庞大的须根群。
5. 小麦为须根系，由（　　）和（　　）组成。

三、选择题

1. （　　）是小麦联合收割的最佳时期。
   A. 乳熟期　　　B. 面团期　　　C. 蜡熟期　　　D. 完熟期
2. 当小麦产生第五片叶时，它一定有两个分蘖。（　　）
   A. 正确　　　　B. 错误　　　　C. 不准确　　　D. 都不对
3. 小麦是世界上重要的粮食作物之一，有（　　）以上的人口以小麦为主粮。小麦占全国粮食作物总面积（　　），占全国粮食总产量的（　　）。
   A. 1/5　　　　B. 1/6　　　　C. 1/3　　　　D. 1/4
4. 小麦的"一生"被划分成（　　）个生育时期。
   A. 3　　　　　B. 10　　　　　C. 12　　　　　D. 8
5. 小麦能否通过春化阶段的主导因素是（　　）。
   A. 温度　　　　B. 水分　　　　C. 光照　　　　D. 养分

四、简答题

1. 小麦前期主攻目标是什么？
2. 怎样浇好小麦孕穗水、施好孕穗肥？
3. 简述小麦后期的管理措施都有哪些。

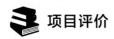
项目评价

项目评价	评价内容	分值	自我评价（10%）	教师评价（60%）	学生互评（30%）	得分
学习能力	知识掌握	18				
	学习态度	10				
	作业完成	12				
技术能力	专业技能	8				
	协作能力	6				
	动手能力	6				
	实验报告	8				
素质能力	职业素养	6				
	协作意识	6				
	创新意识	6				
	心理素质	6				
	学习纪律	8				
总分		100				

项目四

水稻田间管理

 学前导读

> 袁隆平,中国工程院院士,中国杂交水稻育种专家,"共和国勋章"获得者,被誉为"世界杂交水稻之父"。袁隆平一生致力于杂交水稻技术研究、应用与推广,他发明了"三系法"籼型杂交水稻,成功研究出"两系法"杂交水稻,创建了超级杂交稻技术体系,为中国粮食安全、农业科学发展和世界粮食供给做出了杰出贡献。一生只做一件事,一粒种子改变世界。"袁隆平"这三个字,对于中国人来说,无疑是千钧之重,其意义不言而喻。

任务一 水稻前期田间管理

 任务目标

知识目标: ① 掌握水稻返青分蘖期的水分管理和养分管理。
② 掌握分蘖期主要病虫害识别与防治。
技能目标: 掌握晒田技术、施肥技术、农药配制技术。
素养目标: ① 培养学生爱劳动、科学种田的意识。
② 引导学生认真观察水稻返青分蘖期生产过程,培养学生敢于动手能力。

 基础知识

一、水稻的生育期与阶段发育

1. 水稻生育期

水稻的"一生"包括营养生长和生殖生长两个阶段。从种子萌发开始,经过发根、长叶、分蘖、拔节、长穗、开花、结实等一系列生长发育过程，最后形成新的种子。从播种到种子成熟所经历的时间，称为水稻全生育期。根据其品种和生长环境的不同，生长期各异。一般而言，从水稻出苗到成熟需要的时间为120～140天。

水稻是一种短日照作物，喜欢高温、多湿、日照充足的气候环境，对土壤要求不严。水稻的发芽适温为10～12℃，抽穗适温为25～35℃，植株的耐寒性差，临界温度为13℃。

2. 水稻生育时期

（1）**幼苗期** 幼苗期是从水稻种子萌发到移栽前的阶段。此时期，水稻逐渐长出根系、茎秆和叶片。幼苗期后期，需要通风炼苗，以适应移栽后的环境。

（2）**分蘖期** 分蘖期是从水稻移栽到分蘖盛期的阶段。在此时期，水稻开始长出分蘖。在分蘖期后期，需要进行晒田，以控制无效分蘖的产生。

（3）**拔节期** 拔节期是从水稻分蘖盛期到抽穗前的阶段。在此时期，水稻的茎和叶开始迅速生长。拔节期需要加强肥水管理，以促进水稻的生长和发育。

（4）**孕穗期** 孕穗期是从幼穗分化开始到抽穗前的阶段。在此时期，水稻的穗开始形成。

（5）**抽穗期** 抽穗期是从水稻抽穗到开花前的阶段。在此时期，水稻的穗部逐渐成熟，茎秆和叶片的生长逐渐减缓。在抽穗期后期，需要进行排水和晒田，以促进水稻的成熟和干燥。

（6）**开花期** 开花期是从水稻开花到开花结束的阶段。在此时期，水稻开始开花并逐渐形成谷粒。

（7）**灌浆期** 灌浆期是从水稻开花结束到谷粒成熟的阶段。在此时期，水稻的谷粒逐渐饱满，是增产的关键时期。

（8）**成熟期** 成熟期是水稻从成熟到收获的阶段。在此时期，水稻的谷粒已经完全成熟，可以进行收获。

二、水稻的器官建成

1. 水稻根系

水稻根系属于须根系，可分为种子根（胚根）和节根（不定根、冠根）两种。种子根垂直向下生长，作用是吸收水分、支持幼苗。节根从茎节上生出，数目较多，是根系的主要部分。随着分蘖的增加，根系形成多级分枝。新根白色，老根褐色，根尖生有根毛。土壤通气性好或疏松时，根毛较多，长期氧气缺乏或淹水时根毛会很少。水稻根系主要分布在0～20cm土层中，约占总根量的90%。

2. 稻茎的特点

① 水稻茎常是圆筒形，中空，有节。节上着生叶。茎上部有4～7个伸长节间，形成茎秆。茎基部有7～10个节间不伸长，为分蘖节。主茎的总节数有10～17个。节表面呈隆起状。开花后茎秆的节间外表色泽可分为绿色、浅金黄色、紫色、紫色线条。

② 稻的叶、分蘖和根的输导组织在茎内会合，水稻茎节部通气组织发达。

③ 茎秆和株高。茎秆抗倒性分为：强、较强、中等、弱、很弱。地方品种的株高大

多在 120～160cm；而改良品种矮化，株高多在 80～120cm；早稻品种偏矮，晚稻品种偏高。

3. 稻叶

稻叶由叶片、叶鞘组成，并附有叶枕、叶耳和叶舌。

(1) **叶片** 稻种萌发先长胚根，出苗时是芽鞘伸出地面，然后长出一片不完全叶，再长出第一片完全叶、第二片完全叶，其他叶片依次相继生长出来。最后长出旗叶，一般称剑叶。叶片表面的茸毛可分为无茸毛、中间型和有茸毛。

(2) **叶鞘** 叶柄卷抱于茎秆外，两缘相互叠合呈鞘状，为叶鞘。叶鞘外表的颜色分为绿色、浅紫色和紫色，是品种分类的重要形态性状之一。

(3) **叶枕、叶耳和叶舌** 叶鞘与叶片分界处有叶枕，叶枕的颜色为浅绿色、绿色或紫色。叶枕两侧有叶耳，叶耳的颜色为浅绿色或紫色。叶枕内侧有叶舌，叶舌颜色为白色或紫色。

4. 分蘖发生规律

每节上长 1 片叶，叶腋里有 1 个分蘖芽，成长为分蘖。主茎上长出的分蘖为一次分蘖，一次分蘖上长出的分蘖称为二次分蘖，依此类推。分蘖在主茎的节上，自下而上依次发生。一般分蘖的叶总是和母茎相差 3 片叶子。n 叶伸出＝$n-3$ 叶的分蘖第 1 叶出现。

秧田期基部节上的分蘖芽基本处于休眠状态。拔节后一般只有中位节上的分蘖节可以发育；在自然光照下，返青后 3 天开始分蘖；当全田有 10% 的苗出现分蘖时，为分蘖始期。分蘖增加速度最快时，为分蘖盛期。到全田总茎数和最后穗数相等时，为有效分蘖终止期，之后称为无效分蘖期。

5. 花序

顶生或侧生，多为圆锥花序，或为总状、穗状花序。小穗由颖片、小花和小穗轴组成，是禾本科植物的典型特征。通常两性，或单性与中性，由外稃和内稃包被着，小花多有 2 枚微小的鳞被，雄蕊 3 或 1～6 枚，子房 1 室，含 1 胚珠；花柱通常 2，稀 1 或 3；柱头多呈羽毛状。

稻穗由穗轴、一次枝梗、二次枝梗、小穗梗和小穗组成。穗的中轴为穗轴。轴上有穗节，着生枝梗，称第一次枝梗；由其再分出小枝，称为第二次枝梗。在这两者分生出小穗梗的末端着生小穗，称为颖花。

6. 水稻种子（稻谷）

一株稻穗开 200～300 朵稻花，一朵稻花会形成一粒稻谷。绿色的稻谷上有细毛，称为稻芒。由外而内分别有稻壳、糠层、胚及胚乳等部分。

普通栽培稻可分为籼稻和粳稻两个亚种。籼稻粒形细长，长度是宽度的三倍以上，茸毛短而稀，扁平，一般无芒，稻壳薄，出米率较低，黏性较弱。粳稻则粒形短切，长度是宽度的 1.4～2.9 倍，茸毛长而密，芒较长，稻壳厚，出米率较高，黏性较强。

依据淀粉性质的不同可分为黏稻与糯稻两类。黏稻米淀粉中含直链淀粉 10%～30%，其余为支链淀粉。糯稻米淀粉大多为支链淀粉，米质胀性小而黏性大，其中粳糯米黏性最大。

依据生长期不同分为早稻、中稻和晚稻三类。早稻的生长期 90～120 天，中稻的生长期为 120～150 天，晚稻的生长期为 150～170 天。早稻米品质较差，晚稻则反之，品质较好。

根据栽种地区土壤水分的不同分为水稻和陆稻。水稻种植于水田中，需水量多，产量高，品质较好；陆稻则种植于旱地，耐旱性强，成熟早，产量低，谷壳及糠层较厚，出米率低，大米的品质较差。

稻谷经脱壳机脱去颖壳后即可得到糙米，其表面平滑有光泽。糙米粒有胚的一面称腹白，无胚的一面称背面。糙米再经加工为食用的大米。

三、水稻返青分蘖期生育特点

水稻从插秧到分蘖终止期为水稻返青分蘖期。

返青分蘖期生育特点：一般 50～60 天，返青分蘖期是决定穗数的关键时期。

四、水稻返青分蘖期管理目标

1. 缩短返青期

积极促进前期分蘖，适当控制后期分蘖，争取有足够数量的健壮大蘖。至拔节前 20 天左右，总茎蘖数和预期穗数相近。

2. 适宜长相

返青后叶色由浅变深，到分蘖盛期达到最深，叶片颜色明显比叶鞘深，即出现"一黑"；之后，叶色逐渐褪绿，拔节时叶色最浅，即出现"一黄"。

 任务实施 水稻返青分蘖期管理措施

一、苗情诊断分析

（1）**壮苗** 早生分蘖多、晚生分蘖少，白根。早看叶弯而不披，午看叶直立。

（2）**弱苗** 叶短小、不分蘖。

（3）**徒长苗** 叶色黑亮，分蘖快而多，叶鞘细长，总茎数过多。

二、查苗补苗，保证全苗

插秧后往往有缺穴现象。须及时检查补苗，以保证应有的密度和基本苗数。

三、水分管理

插秧后保持 5cm 的水层，返青后保持浅水层 3cm 左右，浅水勤灌，以提高土温，促进分蘖。低洼地块和排水不良的地块，应以浅湿管理为主，防止长期积水。

秧苗在移栽时一定要及时上护苗水，若缺水则返青缓慢甚至导致秧苗死亡，应以水护苗，促进返青，防止冷害。返青后，控制 3cm 浅水，有利于提高水温、地温，促进秧苗早分蘖、快分蘖。

达到要求茎数后，要适当晒田。晒田可以控制无效分蘖的生长，还可以壮根壮秆，抗倒伏。撤水晒田 3~5 天，晒到地表发白出现龟裂。晒田时，叶色浓早晒、重晒，黑根早晒、重晒。水稻临近有效分蘖终止时，要对长势过旺、分蘖过多、叶色黑绿、叶片披垂、低洼地块排水晒田 7~10 天，晒到水稻叶色落黄、挺直为宜。盐碱土稻区如需控制分蘖，应酌情灌深水层。

四、早施、重施分蘖肥

及时追施返青分蘖肥，促进早生新根、新叶，早分蘖，追肥以硫酸铵、尿素等氮肥为主，亩施硫酸铵 6.0kg 左右。配施 2kg 左右硫酸锌。返青分蘖肥施肥量为总氮量的 40%，可分 2 次追施，返青肥施肥量 2.5kg 左右，分蘖肥施肥量 3.5kg 左右，2 次施肥间隔 7~10 天，追肥后要保持 3cm 左右浅水层。也可以每亩施用尿素 2.5kg，最多不超过 5kg。施肥不可过晚。

五、中耕除草

一般使用化学除草。在栽秧后 3~5 天，亩用 50% 的禾草丹 0.4kg 拌细土或砂土撒施，使用后保持 3cm 水层 5 天左右，主要消灭稗草、牛毛草等前期杂草。

六、病虫害防治

1. 防治稻瘟病

首先，加强田间调查，以选育抗病品种种植。田间做好稻瘟病的监测预报，发病达到防治指标的，早发现早打药。其次，做好水稻穗颈瘟的预防。在水稻破口期打第 1 遍药；气象条件适宜病害流行时，要在齐穗期打第 2 遍药。用 20% 或 75% 三环唑在稻瘟初期喷雾。

2. 防治虫害

（1）**潜叶蝇**　可在插秧后浅灌增温，以缩短秧苗返青时间。潜叶蝇危害严重地块，排水晒田 1~2 天。在水稻插后开始返青时，选用吡虫啉等药剂叶面喷雾防治。

（2）**二化螟**　化学防治：用 25% 杀虫双水剂每亩 20~250g 兑水 50kg 喷雾。

（3）**控制成虫**　可采用投射式杀虫灯及性诱剂围垛诱杀成虫，性诱剂和杀虫灯可单独使用也可组合使用。

技能训练　水稻形态特征及类型识别

一、实训目的

通过实训活动，使学生能够掌握水稻主要形态特征、掌握水稻类型及区别。

二、材料用具

① 材料：不同类型稻种、幼苗、完整植株。
② 用具：解剖器、手持放大镜、碘液。

三、内容方法

1. 水稻形态特征

（1）**根系**　须根系，不定根发达。

（2）**茎**　直立、圆形中空、相对细长的管状结构，柔软且不抗风，成熟时为黄色。分蘖能力强。

（3）**叶**　水稻叶子为长圆形，叶面呈扁平或略卷曲状，呈淡绿色或淡黄绿色。叶鞘为狭长形，呈筒状。

（4）**花序**　圆锥花序，分枝多。

（5）**种子**　颖果，习惯上称为种子，外面为颖（稻壳）。颖又分为内颖和外颖。

2. 水稻类型及区别

（1）**籼稻和粳稻**　属亲缘关系较远、相对独立的两个亚种。它们主要依据形态和生理上差异区分，如株叶形态特征、穗型、粒型、生理特征等。

（2）**晚稻和早稻**　主要区别在于对栽培季节的适应不同。

（3）**水稻和陆稻**　区别在于两者的耐旱性不同。

（4）**黏稻和糯稻**　区别在于米粒的淀粉结构不同。黏稻除含 70%～80% 的支链淀粉外还含 20%～30% 的直链淀粉。而糯稻几乎全部为支链淀粉。

四、作业

① 观察水稻形态特征。
② 区别水稻不同类型。

五、考核

根据学生操作熟练程度、准确度，实训报告质量，学生实训表现等确定成绩。

任务二　水稻中期田间管理

任务目标

知识目标：　① 掌握水稻拔节孕穗期的水分管理和养分管理。
　　　　　　② 掌握分蘖期主要病虫害识别与防治。
技能目标：　掌握晒田技术、施肥技术、灌水技术。
素养目标：　① 培养学生爱劳动、科学种田意识。
　　　　　　② 引导学生认真观察水稻拔节孕穗期生产过程，培养学生敢于动手能力。

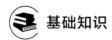 **基础知识**

一、水稻拔节孕穗期生育特点

从拔节到抽穗前为水稻拔节孕穗期，为 30~35 天。

生育特点：是营养生长和生殖生长并进的时期；叶面积迅速扩大、节间伸长、幼穗分化的时期；决定穗大小、每穗粒数的时期；水稻干物质积累最多的时期；需求肥水最多、对环境条件最敏感的时期。

二、水稻拔节孕穗期管理目标

1. 促进株壮蘖壮

培育壮秆大穗，提高成穗率，防止颖花退化。

2. 适宜长相

叶片孕穗时呈现深绿色，即出现"二黑"；水稻开花结实期，叶色由黑变黄，到齐穗期时最黄，即出现"二黄"。

 任务实施　水稻拔节孕穗期管理措施

一、拔节孕穗期苗情诊断

1. 壮苗

茎粗壮，叶片直、厚、短；白根多，剑叶露尖时封行。

2. 弱苗

叶片黄尖短小，没有明显表现出"二黑"。迟迟不封行。

3. 徒长苗

叶片大、长、披垂。叶色转深快，抽穗前不落黄。无效分蘖多，封行提前。

二、巧施拔节长穗肥

凡是拔节后叶黄缺肥田，巧施穗肥对巩固有效分蘖、提高每穗粒数有显著效果。穗肥施用应根据品种、气候、土壤、水稻长势长相等因素综合考虑。穗肥要做到看天、看苗施用。看天：就是积温低的年份应根据已用肥量酌情少施。看苗：一看是否出现拔节黄，如出现拔节黄可以施用，如叶色仍深绿可适当晚施；二看底叶是否枯萎，如有枯萎，应撤水通气壮根，再施肥；三看叶片是否有病斑，如有病斑，应先喷药治病再施肥；四看茎数是否够用，如茎数不足，应提早追肥。穗肥施用时期一般抽穗前 20 天施用。一黄出现较早的中产田，重施促花肥，酌施保花肥。肥水相当充足、够苗较早的高产田，主要施用保花肥。一黄正常出现的一般肥水田，施用促花肥和保花肥。当倒 2 叶露尖到长出一半时，即当扒开水稻主茎能看到节，并且水稻主茎上幼穗长度为 1cm 左右时施用穗肥，施氮肥总量的 30% 和剩余的 50% 钾肥。一般施用尿素 2.5～5kg。也可以每亩施用硫酸铵 3.5～10kg。不可施肥过多，以免引起不良后果。

三、灌好"养胎"水，适时落干晒田

拔节孕穗期是水稻"一生"中需水最多时期，也是对水分反应最敏感时期，生长很快。如果缺水，幼穗首受到影响，容易导致穗短、粒数少、空壳多，因此必须注意水分管理，进行以壮根为主的间歇灌溉，即灌 3～5cm 的浅水层。到自然落干后的花达水时再灌下茬水，直到剑叶露尖。然后加深水层至 8～10cm，17℃ 低温来临前再加深水层至 15～20cm，防御低温冷害。冷害过后，撤至浅水层，进行正常管理。

四、防治病虫害

1. 防治纹枯病

（1）**辽宁水稻纹枯病时有发生** 一般在 6 月末开始用药，每隔 15 天防治一次，一直到水稻齐穗期即 8 月 15 日前后。药剂可选择井冈霉素、三唑酮、多菌灵等。

（2）**加强肥水管理** 实行"前期浅、中期晒、后期湿"的用水原则。

2. 防治稻曲病

在破口期用药，主要药剂有苯甲·丙环唑、井冈霉素、三唑酮、多菌灵等。

3. 防治稻瘟病

辽宁水稻品种单一，插秧如遇到温度低，分蘖发生晚，便促长心切，加大氮肥施用量，极易诱导贪青晚熟和稻瘟病的发生。拔节孕穗期主要防治叶瘟、穗颈瘟。可在破口至始穗期喷三环唑 1 次，在齐穗期喷第 2 次。

4. 二化螟综合防治方法

（1）**农业防治** 秋季深翻，春季深水泡田，清除田边杂草和稻草、稻茬，消灭越冬虫源。二代二化螟 1～2 龄期在叶鞘为害，也可灌深水淹没叶鞘 2～3 天，能有效杀死害虫。

（2）**生物防治** 在螟蛾盛期放稻螟赤眼蜂；用青虫菌和杀螟杆菌，每克含一百亿个活孢子的菌粉加水 2000～3000 倍，再按用水量的 1/100 加洗衣粉，增加黏着力。如果加少量的敌百虫、敌敌畏等效果更好，并可兼治多种水稻害虫。每公顷用 600～700kg 菌液喷雾。

（3）**药剂防治** 应掌握用药最佳时期，以提高治虫效果。一般在 6 月 25 日～7 月 10 日施药最好。可用敌百虫、杀螟硫磷、杀虫双、杀虫单等进行喷雾、泼浇或撒毒土等方法。上述各种方法的施药期间，保持 3～5cm 的浅水层 3～5 天，可提高防治效果。

技能训练 水稻高产栽培看苗诊断

一、实训目的

通过实训活动，让学生初步掌握看苗诊断技术，学会在不同情况下判断苗情，及时

采取相应栽培技术。

二、材料用具

米尺、比色卡、水稻植株。

三、内容方法

1. 分蘖期长势长相

（1）**健壮苗** 叶色由淡转浓，出叶和分蘖快。

（2）**徒长苗** 叶色过黑，封行早。

（3）**病弱苗** 叶色黄绿，分蘖少。

2. 幼穗分化期长势长相

（1）**健壮苗** 生长稳健，基部增粗明显，叶片挺立。

（2）**徒长苗** 无效分蘖多，叶片软弱。

（3）**病弱苗** 植株矮，分蘖少。

3. 看苗诊断

选择不同田块进行诊断。

四、作业

总结苗情诊断结果。

五、考核

根据学生操作熟练程度、准确度，实训报告质量，学生实训表现等确定成绩。

任务三 水稻后期田间管理

 任务目标

知识目标： ① 掌握水稻抽穗结实期的水分管理和养分管理。
② 掌握水稻抽穗结实期主要病虫害识别与防治。
技能目标： 掌握农药配制施用技术、施肥技术、灌水技术。
素养目标： ① 培养学生科学种田的意识。
② 引导学生认真观察水稻抽穗结实期生产过程，培养学生敢于动手能力。

基础知识

一、水稻抽穗结实期生育特点

从抽穗到成熟为水稻抽穗结实期，一般 30～40 天。

生育特点：营养生长基本停止并开始衰退，转入开花结实为主的生殖生长。该期开花受精，籽粒充实，是决定粒数和粒重的时期。

二、水稻抽穗结实期管理目标

养根保叶，防早衰、贪青、倒伏。促使粒大粒饱，防止空秕。增粒重。

任务实施　水稻抽穗结实期管理措施

一、抽穗结实期苗情诊断

1. 壮株

抽穗后叶色转青，需 20 天左右，逐渐黄而不枯，青秆黄熟。叶片不变软，植株倾而不倒。

2. 早衰

下部叶早枯，根系早衰，叶黄叶薄，早成熟。

3. 贪青

下部叶片早枯，上部叶片浓绿变软。常常发生倒伏，秕粒多，成熟延迟。

二、合理灌溉、适时排水

在出穗扬花期间，田间仍需保持一定水层，调节水温，提高空气湿度，以利开花授粉。到灌浆期，采取"干干湿湿，以湿为主"的灌水办法，就是灌一次水后，自然落干 1～2 天，再灌一次水。这样可以达到以气养根、以水保叶的目的，有利于促进灌浆，防止早衰。进入蜡熟期，要采取"干干湿湿，以干为主"的灌水方法，灌一次水后自然落干 3～4 天，再行灌水。后期，收割前 7～10 天把水放干。

三、酌施粒肥

施用 3～4kg/亩硫酸铵，也可喷施 1% 的尿素。减少后期氮肥的施用量。后期氮肥施入过多易引起水稻的贪青、倒伏、结实率低。可在破口期、齐穗期喷施 3 次磷酸二氢钾，每亩用量 200g 兑水 50kg，促进籽粒早熟与结实。

1. 倒伏

出现倒伏，产量必会减少，品质下降。引起水稻倒伏的原因有很多，如种植过密、种植易倒伏品种、灌水过深、氮肥施用过多以及病虫害影响等。

解决措施：首先种植密度不要过大，株行距 18cm×30cm 插秧，保持田间有充足的空气流动。其次不可连续灌深水，同时注意晒田。再次防治水稻钻心虫、稻纵卷叶螟、稻瘟病、稻曲病等。最后追施氮肥不要过量，磷肥、钾肥也要跟上，其他微量元素也要叶面喷施，最好施用硅肥。还要选择抗倒伏品种，及时晒田控苗。喷施多效唑。

2. 贪青

水稻贪青指的是在中后期植株该发黄时不发黄、叶片徒长晚熟。原因是一些养分滞留在体内，叶片还出现发青的症状，导致千粒重下降。

引起贪青的主要原因如田间高温干旱；种植过密，田间通风透光性不好，光照不足，光合作用减弱；氮肥施用过多或者过晚，导致后期肥效继续被吸收。

解决措施：对于种植过密的问题，要合理密植，25000～35000 穴/亩。其次不要盲目多施肥料。适时晒田，在灌浆期前后，田间不要过于干旱，可以浅水灌溉，少量多次。

3. 秕粒

秕粒导致减产。引起秕粒的原因主要是水稻苗期长势过旺，封垄早，在中后期出现过早衰的情况；品种因素，抗逆性差；光照不足；灌浆温度过高、过低；开花干旱、连续大雨等。

解决措施：选适宜品种，早播，早栽，不越区种植；乳熟期不能缺水，进入蜡熟期，干湿交替、以干为主；抽穗前后施少量氮肥或叶面喷肥，防脱肥；合理密植，防倒伏或加强病虫害防治。

四、加强病虫害防治

近年来，水稻条纹叶枯病、纹枯病、稻曲病、稻瘟病、二化螟、稻飞虱、水稻蚜虫在辽宁地区频发。有效防治"四病三虫"是中后期田间管理的重点。

1. 防治水稻纹枯病

见拔节孕穗期。

2. 防治条纹叶枯病

该病主要发生在辽宁东南部的盘锦稻区。可在防稻飞虱和二化螟的同时，加入宁南霉素、盐酸吗啉胍、菌毒清等，提高水稻抗病能力。

3. 防治稻瘟病

如果天气利于稻瘟发病，可在灌浆期三次用药，采取人机结合的方法进行统防统治。

4. 防治稻曲病

见拔节孕穗期。

5. 防治蚜虫

在水稻齐穗期后进行重点防治。防治药剂有吡蚜酮、氰戊菊酯、毒死蜱、敌敌畏等。

6. 防治稻飞虱

可结合二化螟一代、二化螟二代进行防治，在 7 月中旬加防一次。主要药剂有吡虫啉、噻嗪酮、敌敌畏、毒死蜱、吡蚜酮等。

7. 防治二化螟

二化螟发生有时早、基数较大。抓紧防治二化螟一代，主要药剂有杀虫单、毒死蜱等，二代螟在7月中下旬进行防治。

五、防低温，促早熟

现在气候多变，应立足防低温、促早熟、夺高产。特别是辽宁北部和东部稻作区，障碍型冷害发生频率高，更应引起足够重视。

1. 及早做好准备

可通过水肥调节使生殖敏感期尽可能避开低温，减少空壳率。在齐穗、灌浆期进行根外施肥，促进早熟，提高结实率和千粒重。可选用磷酸二氢钾和尿素混合喷施，也可用其他叶面肥。

2. 活水养稻

灌浆乳熟期，采取"干干湿湿，以湿为主"的灌水方法；蜡熟期，采取"干干湿湿，以干为主"的灌水方法；后期不宜断水过早，以免早衰青枯，黏质土壤收获前7~8天、砂质土壤收获前4~5天停水晒田。

 技能训练 水稻产量测定

一、实训目的

通过实训活动，让学生学习和掌握水稻测产方法。

二、材料用具

钢卷尺、剪刀、数粒器、计算器、天平、稻田。

三、内容方法

1. 取样

五点取样，每点随机取10穴。

2. 求每公顷穴数

$$每公顷穴数 = \frac{10000 \ (m^2)}{行距 \ (m) \times 穴距 \ (m)}$$

3. 调查每穴有效穗数，求每公顷有效穗数

水稻每穗结实粒在7粒以上称为有效穗。

4. 求每穗结实粒数

在每样点随机取20个有效穗，脱粒，数其粒数，并求平均数。

5. 测定千粒重

4 次重复，取平均数。混合千粒重。

6. 理论产量计算

$$每公顷理论产量(kg) = \frac{每公顷有效穗数 \times 每穗结实粒数 \times 千粒重(g)}{1000 \times 1000}$$

四、作业

① 测出产量。
② 评价栽培技术。

五、考核

根据学生操作熟练程度、准确度，实训报告质量，学生实训表现等确定成绩。

知识拓展　有机稻

有机稻是在原生态环境中，从育种到大田种植不施用化肥、农药，全部采用微生物、植物、动物防治相结合的方法进行病虫害综合防治所培育的植株，所产大米属于绿色食品。

一、背景

随着人类技术水平的发展以及人类对地球资源利用的加剧，土地沙漠化、酸化日益严重。各种化肥、农药、激素的大量使用，既浪费地球资源、破坏生态平衡，又影响人类健康，甚至危及人类生命安全。有机食品是指来自有机农业生产体系，根据有机农业生产要求和相应的标准生产加工，通过独立的有机食品认证机构认证的食品。有机食品的特点是生产和加工过程中不使用化学农药、化肥、化学防腐剂等合成物质，也不使用基因工程生物及其产物，其核心是建立和恢复农业生态系统生物多样性，实现良性循环，保持农业可持续发展。

二、选择基地

有机稻米生产基地必须具备良好的生态环境，即温度适宜、阳光充足、土层深厚、有机质含量高、空气清新、雨量充足、水质纯净的环境。作为生产基地必须远离污染源，基地周边要有一定的防护措施，避免常规田块的农药、化肥和水流入或渗入有机田块。

三、转换期

有机稻米生产必须经过转换期，现有稻田转换期不少于 2 年，新开荒或撂荒多年的稻田地也要经过至少 1 年的转换期才可进入有机稻米生产。转换期间不允许使用任何化学合成的化肥、农药、植物生长调节剂等物质。

四、品种选择标准

有机稻品种的选择，既要考虑栽培地区的气候条件和土壤情况，又要注重品种优质化，选择优质适应性强的品种。

五、土壤施肥

基肥：每亩用腐熟的菜籽饼100kg或每亩用腐熟的鸡粪或鸭粪50kg于栽前施入土壤中。

喷肥：在本田生育期中用酵素菌液肥，分5次叶面喷施。

六、病虫草害防治

采用农业自然手段对稻田的生态环境进行适当管理，可有效控制和减少病虫草的危害。

虫害：常采用人工捕杀和植物性杀虫剂防治，允许在诱捕器中使用性诱剂。

病害：除选择抗病品种、加强田间管理外，允许有限制地使用石灰、波尔多液及其他含硫或含铜物质防治病害。

草害：采用人工除草和机械除草或采用秸秆覆盖除草等方式防治。

七、收获、加工、包装

适期收获，做到单收、单运、单脱粒、单存放避免污染。专用车间加工稻米，严防污染和混杂。包装采用无污染的纸箱、草袋等包装，包装时不准使用防虫剂和防腐剂等化学物质。

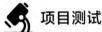 项目测试

一、名词解释

1. 晒田
2. 贪青

二、填空题

1. 水稻茎开始拔节的标准为：第一节间伸长达（　　）cm。
2. 水稻以（　　）作为生殖生长开始的标志。
3. 拔节孕穗期一般为（　　）天。
4. 决定水稻有效穗数的关键时期是（　　）。
5. 水稻的离乳期是指（　　）。

三、选择题

1. 水稻幼苗生长过程包括萌动、发芽、出苗和（　　）。
   A. 三叶　　　　B. 二叶　　　　C. 一叶　　　　D. 四叶
2. 为长茎、长穗奠定基础，是亩穗数定型期的是（　　）。
   A. 穗分化期　　B. 分蘖期　　　C. 出苗期　　　D. 结实期
3. 能防止水稻早衰的营养元素是（　　）。
   A. K　　　　　B. P　　　　　C. N　　　　　D. B

4. 不同纬度间引种，南种北引易获得成功的品种类型是（　　）。
A. 感光性弱，晚熟　　　　　　　　B. 感光性强，早熟
C. 感光性弱，早熟　　　　　　　　D. 感光性强，晚熟
5. 水稻从抽穗到成熟一般需要（　　）左右。
A. 40 天　　　　　B. 30 天　　　　　C. 20 天　　　　　D. 50 天

四、简答题

1. 简要回答晒田方法有哪些。
2. 简要回答施拔节孕穗肥方法有哪些。
3. 简要回答水稻病虫害防治方法有哪些。

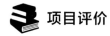

项目评价

项目评价	评价内容	分值	自我评价（10%）	教师评价（60%）	学生互评（30%）	得分
学习能力	知识掌握	18				
	学习态度	10				
	作业完成	12				
技术能力	专业技能	8				
	协作能力	6				
	动手能力	6				
	实验报告	8				
素质能力	职业素养	6				
	协作意识	6				
	创新意识	6				
	心理素质	6				
	学习纪律	8				
总分		100				

项目五

玉米田间管理

 学前导读

> 李登海,被称为"中国紧凑型杂交玉米之父",与"杂交水稻之父"袁隆平齐名,共享"南袁北李"的美誉。30多年间,他先后选育玉米高产新品种80多个,7次开创和刷新了中国夏玉米的高产纪录,使中国土地由每亩养活1个人提升到养活4.5个人;他的玉米种子已累计在全国10亿亩土地上推广,直接增加经济效益1000亿元。
>
> 作为一位自学成才的玉米育种专家,李登海的事迹不仅是对个人奋斗精神的颂扬,更是对农业科技创新重要性的深刻阐述。在未来的农业发展中,我们将继续弘扬李登海这种勇于探索、敢于创新的精神,为实现农业现代化和乡村振兴贡献智慧和力量。

任务一 玉米前期田间管理

 任务目标

知识目标: ① 了解玉米前期生育特点和主攻目标。
② 掌握玉米前期蹲苗的原则与方法。
技能目标: ① 会根据苗情查苗补苗、间苗、定苗。
② 能根据玉米的长势采取合适的管理技术进行田间管理。
素养目标: 万丈高楼平地起,使学生明确做任何事只有打好基础、脚踏实地,才能勇攀高峰。

 基础知识

一、玉米的生育期与阶段发育

玉米的"一生"指的是玉米从播种到新的种子成熟所经历的全部过程,可划分为不同的生育期和生育时期。

1. 玉米的生育期

玉米从播种到籽粒成熟所经历的时间，称为玉米的生育期。玉米生育期的长短不仅与品种有关，也受播种期、温度和光照等因素影响。早熟品种、生长温度较高时生育期短，而晚熟品种、播种早、生长温度较低时生育期变长。

2. 玉米的生育时期

在玉米的一生中，随着生育进程的不断发展，植株的根、茎、叶和穗等器官依次形成。植株从外部形态到内部结构发生特征性变化的日期，称为生育时期，可分为以下几个阶段：

(1) **播种期** 玉米播种的日期。

(2) **出苗期** 玉米幼苗出土，高出土地面 2～3cm，此时第一片真叶开始展开。

(3) **3 叶期** 第 3 片叶露出心叶 2～3cm 的日期。

(4) **拔节期** 植株基部茎节长 2～3cm 的日期。

(5) **小喇叭口期** 此时雌穗生长锥伸长期与雄穗小花分化期相吻合，时间约在拔节后 10 天。

(6) **大喇叭口期** 玉米植株"棒三叶"（果穗叶及其上下两叶）开始抽出但未展开，心叶丛生，上平中空，整体形态酷似喇叭。

(7) **抽雄期** 植株雄穗尖端从顶叶露出的时期，长度为 3～5cm。

(8) **开花期** 植株雄穗开始开花散粉的日期。

(9) **叶丝** 植株雌穗抽出花丝的日期，此时花丝露出苞叶 2cm。

(10) **灌浆期** 籽粒开始发育到最后成熟的整个时期。

3. 玉米的生育阶段

根据玉米在生长过程中其外部形态特征和新器官出现的特征，可将玉米的"一生"划分为 3 个生育阶段，即苗期、穗期和花粒期。

二、玉米的器官建成

1. 根

玉米为须根系作物，根据其发生时期、生长部分、形态结构及功能分为胚根和节根。玉米的根系有固定植株（防倒伏）、吸收养分和水分、合成等作用。

(1) **胚根** 玉米的胚根是在种子受精 10 天后由胚柄分化而成的，也称为种子根。种子萌发过程中，第一条突破胚根鞘而伸出的幼根，称为初生胚根，其向下垂直生长，长度可达 20～40cm。初生胚根伸出 1～3 天后，中胚轴基部长出的 3～7 条幼根，称为次生胚根。这层幼根为玉米的第一层节根，由于其生理功能与胚根相似，因此常将这层根与胚根合称为初生根。

(2) **节根** 又称节间根，是从玉米植株茎节上长出的根系。从地下节根长出的称为地下节根又称次生根，一般 4～7 层；从地上茎节长出的节根又称支持根、气生根，一般 2～3 层。在适宜的土壤条件下玉米的根系可纵向下扎 2m，横向延伸 1m，80%的根系集中在 0～30cm 的土层。

2. 茎

玉米的茎通常高大而粗壮，又称"玉米秆"，其直径 2～4cm，茎内充实软髓，是承载玉米果穗的主要部分。玉米的茎由节和节间组成，着生叶片的部位，称为节，节与节之间的部分称为节间。玉米的节又分为地上部分和地下部分，根据玉米品种不同，其节数也有所不同，通常为 16～24 个节。节间的长度一般来说由基部至顶端逐渐加长，也有部分品种是中间部分的节间长于下部和上部的节间，其粗度是从下至上逐渐变细。玉米茎秆多汁，富含水分和营养物质。

玉米茎秆每个节的叶腋处均有腋芽，茎节基部的腋芽可形成分蘖，普通玉米的分蘖不会结出果穗，应及时去除，避免消耗养分。

3. 叶

玉米的叶片主要具有光合作用和蒸腾作用，也具有一定的吸收作用。其分为完全叶和不完全叶两类，完全叶由叶片、叶鞘和叶舌组成，叶片缺少任何一个部分都是不完全叶。

玉米叶片由表皮、叶肉和叶脉组成。表皮又分为上表皮和下表皮，其上布满大量气孔。叶肉是叶片的主要组织，包括栅栏组织和海绵组织。叶脉是叶片中的导管组织，负责水分和养分的输送。玉米是 C_4 植物，与 C_3 植物相比叶片具有"花环型"结构。

玉米的叶鞘质地肥厚且坚韧，着生在茎节上，紧包节间，起到了加固茎秆和保护茎秆的作用。

玉米的叶舌位于叶片和叶鞘的交接处，是一无色薄膜，紧贴茎秆，具有防止雨水和害虫侵入叶鞘内侧的作用。

4. 花和穗

玉米是雌、雄同株的植物，异花授粉。雄穗生在茎秆顶部，为圆锥花序，穗柄一长一短；雄穗上的每朵小花有 1 片内颖、1 片外颖和 3 个雄蕊，雄蕊由花药和花丝组成；雄穗的分化早于雌穗，开始于拔节期。雌穗侧生在茎秆中部，为肉穗花序，穗轴上有 4～10 行对生小穗，每个小穗上有两朵小花；雌穗上的每朵小花有 1 片内颖、1 片外颖和 1 个雌蕊，雌蕊由子房、柱头和花柱组成。

三、玉米前期生育特点

玉米苗期是指从播种到拔节这段时间，一般为 30 天。此期是决定亩株数并为之后玉米穗大、粒多以及玉米丰产打下良好基础的关键时期。以营养生长为主，以地上部分茎叶分化、地下部分根系生长为主；玉米茎叶增长较缓慢，但根系生长很快。

四、玉米前期管理目标

促进玉米根系发育，实现苗全、苗匀、苗齐、苗壮的"四苗"要求，培育壮苗。

任务实施　玉米前期管理措施

一、查苗补苗

玉米苗全是提高玉米亩穗数的重要前提，然而在玉米播种后，常会出现由播种质量差、土壤温度低、土壤水分过高或过低、病虫危害、品种特性等而引发的缺苗现象。因此，玉米在出苗后应行定期查苗，发现缺苗即补苗。

补苗分为浸种补种和移苗补栽两种方式。若玉米刚出苗时缺苗多，同时发现得比较早即可采用浸种补种的方式进行补苗；若发现有连续三株以上的缺苗现象，而浸种补种又赶不上原有幼苗生长速度时，就应该采用移苗补栽的方法。补苗的作用是为了减少株间苗势的差异。在玉米 2～4 叶龄时移苗补栽较为适合，移栽天气多选在晴天下午或阴雨天，为保证移栽的成活率，应带土移并及时浇水，对移栽的玉米苗要偏水偏肥，以达到苗全苗壮的效果。

二、间苗定苗

为避免玉米幼苗生长时拥挤、遮光、消耗地力而造成苗弱，玉米在出苗后应及早间苗，适时定苗。间苗、定苗是减少弱株、培育壮苗、提高幼苗质量的重要措施。俗话说"三叶间，五叶定"，玉米间苗最适宜的时间为 3～4 叶期，4～5 叶期定苗较为合适。去苗时要遵循"去弱留强、间密存稀、留匀留壮"的原则。定苗时要根据品种的特性和种植要求留足苗数，定苗的时间也会因种植地区的具体情况而有所不同，当遇到干旱和病虫害严重的情况，定苗时间应适当延后，最晚不过 6 叶期。

三、中耕除草和化学锄草

苗期中耕不仅可以去除杂草，疏松土壤改善土壤的通透性，还可以增温、保墒，可以促进根系发育，使根系深扎。玉米苗期中耕一般进行 2～3 次，中耕深度采用"前后两次浅，中间一次深，苗旁浅，行中深"的原则。第一次中耕在 3 叶期，深度 3～6cm；第二次中耕在定苗后，深度 15cm 左右；第三次中耕在拔节前，深度 10cm 左右。

玉米田间杂草会争夺水分、养分、生存空间等，不仅影响玉米的正常生长，还会发生许多病虫害。因此，化学除草剂因其价格低廉、省工省力、效果好而受到广大农户的欢迎。根据药剂使用时间，玉米化学除草分为播种后封闭除草和苗期除草。

1. 玉米播种后封闭除草

玉米田可在播种后、杂草出现前，使用土壤封闭药剂进行处理，将杂草封闭在萌芽状态。土壤封闭药剂原则上在播种后 7 天内使用，否则会伤害种芽。目前常见的除草剂及使用方法为如下。

（1）**乙草胺**　该药物可防除一年生禾本科和部分小粒种子萌发的阔叶杂草，如稗草、马齿苋、荠菜等。其作用部位为杂草的芽鞘和幼根，但是对双子叶杂草的防除效果较差。东北地区春玉米每亩施用 90% 乙草胺乳油 120～150mL，兑水 40～50kg，均匀喷洒于土壤表面。

（2）**莠去津**　该药物不仅可防除一年生禾本科和阔叶杂草，对多年生阔叶杂草也有一定的抑制作用,如稗草、狗尾草、莎草。根据土壤有机质含量不同,可每亩施用50%可湿性粉剂150~250g,或40%的悬浮剂175~250mL,兑水40~50kg,均匀喷洒于土壤表面。

(3) **丁草胺** 该药物可防除一年生禾本科杂草及某些阔叶杂草,如狗尾草、牛毛草等。其主要通过杂草的幼芽吸收,继而传导至全株起作用。玉米种植中可每亩用60%乳油100~125mL,兑水40~50kg,均匀喷洒于土壤表面。

此外,还有异丙草胺、氰草津、二甲戊灵等。

目前,在生产中使用单一除草剂效果不太理想,因而多采用混合使用的方式,如丁草胺+莠去津、异丙草胺+莠去津、乙草胺+莠去津等。

2. 玉米苗期除草

玉米苗期除草应尽早进行,在玉米出苗后3~5叶期、杂草2~4叶期较为适合。玉米苗期常见的除草药剂有磺草酮、砜嘧磺隆、硝磺草酮、氯氟吡氧乙酸、苯唑草酮等。

在喷洒药剂时,要注意气温和土壤的湿度,尽量避免在高温、干旱、大风、降雨等天气时喷洒。喷灌药剂时要降低喷头,避免将药液喷洒到玉米心叶上,对幼苗造成损伤。有些产品注明禁止在甜玉米、糯玉米、种子生产上使用,应按产品说明合理使用。

四、蹲苗促壮

玉米蹲苗就是"控上促下",体现在控制幼苗地上部分长势,缩短节间,使植株的抗倒伏能力增强;促进幼苗地下根系向纵深生长,使根系变得发达,更好地吸收水分和养分上。

玉米蹲苗时间为出苗至拔节期间,蹲苗时应遵循"三蹲三不蹲"原则,即"蹲湿不蹲干、蹲肥不蹲瘦、蹲黑不蹲黄"。具体方法为:定苗后结合中耕,消除土壤板结结构,提高土壤的通透性,有效改善土壤物理性状。形成上虚下实、上干下湿的土壤环境,促使玉米根系生长,在底肥足、底墒好的情况下,不浇水、不施肥,同时结合扒土晒根,最终达到壮苗的目的,实现增产。

五、虫害防治

玉米苗期虫害主要有蚜虫、地老虎、黏虫、蛴螬、蝼蛄等。

1. 地下害虫防治措施

(1) **毒饵诱杀** 傍晚每亩用90%晶体敌百虫,或48%毒死蜱乳油500g与炒香的麦麸、豆饼等饵料混拌均匀,顺垄撒在玉米苗边上。

(2) **毒土撒杀** 清晨每亩用80%敌敌畏乳油300~500mL拌25kg细砂,顺垄撒在玉米苗边。

(3) **喷雾治疗** 在地老虎幼虫入土前,可使用喷雾治疗法防治,用40%的氧乐果1000倍液喷雾防治。

(4) **杀虫灯诱杀** 利用害虫的趋光性,有条件的地方可设黑光灯诱杀成虫。

2. 地上害虫防治措施

喷雾防治:用40%氧乐果1000倍液喷雾。

技能训练 玉米苗期苗情诊断

一、实训目的

了解玉米前期幼苗生长发育状态,掌握看苗诊断方法,学会分析苗情并提出相应的田间管理措施。

二、材料用具

玉米幼苗、米尺、铅笔、笔记本等。

三、内容方法

① 以小组为单位选择 4 块玉米田,按下列项目进行调查。
a. 玉米幼苗根层数。
b. 玉米幼苗株高。
c. 玉米幼苗重(地上部与地下部)。
d. 玉米幼苗真叶数。
② 根据玉米幼苗生长情况查苗、补苗、间苗、定苗。

四、作业

① 将测量的结果填入表格。

玉米幼苗生长发育情况登记表　　　年　月　日

编号	根层数	株高/cm	地上部鲜重/g	地下部鲜重/g	真叶数

② 分析玉米幼苗生长发育情况,进行查苗、补苗、和间苗、定苗操作。

五、考核

现场考核,根据测量结果与学生现场操作的熟练程度、准确度和实训表现等确定考核成绩。

任务二 玉米中期田间管理

 任务目标

知识目标:　① 了解玉米中期生育特点和主攻目标。
　　　　　② 掌握玉米中期中耕培土的方法。

技能目标： ① 学会去除分蘖及弱病株。
　　　　　② 能根据玉米的生长情况从施肥、灌溉和病虫害防治等方面进行田间管理。
素养目标： 培养学生的环保意识，共筑人与自然和谐共生的良好环境。

基础知识

一、玉米中期生育特点

玉米中期是指从拔节至抽雄穗之间的一段时期，是决定每个果穗上籽粒多少的重要时期。

1. 营养生长与生殖生长并进

生长中心由根系转向叶片、茎节，雌、雄蕊也开始先后出现分化。

2. 生长最旺盛时期

茎叶生长与穗分化之间争夺水肥日趋严重，植株需要大量的养分和水分，是玉米田间管理最为关键的时期。

二、玉米中期管理目标

控秆壮秆以形成健壮植株、促进穗分化以促进穗大粒多。

任务实施　玉米中期管理措施

一、去除分蘖及弱病株

玉米在出苗至拔节阶段，茎秆基部会长出分蘖，产生的分蘖一般不会结穗或穗小粒少，反而要消耗大量的养分和水分，影响主茎的生长，导致产量下降，因此应及时拔除分蘖。去除茎部分蘖应在晴朗清晨进行，此时植株水分高，分蘖易打掉，且有利于愈合，减少病害感染。

田间的弱苗、病苗应及时去除，其不但占据一定的空间，还会消耗水肥，不利于通风透光，会造成产量降低，影响群体质量。

二、中耕培土

玉米属中耕作物，其发根量大、分布广泛，种植时行距较宽，易土壤板结、滋生杂草。因此必须及时中耕，改善土壤的通透性，使空气流通，促进根系生长发育和清除杂草。

玉米穗期中耕一般两次。第一次在拔节至小喇叭口期，此时应深中耕，促进根系生长；根据品种不同，深度以5~7cm为宜，原则是行间深、苗旁浅。第二次在小喇叭口期至大喇叭口期，此次中耕宜浅，2~3cm为宜。

培土就是用中耕机或人工将行间的土翻上来覆在玉米的根部。培土不仅便于灌溉、排水和消灭杂草，而且能起到防倒伏的作用。培土可选择在大喇叭口期，与中耕相结合，培土高度一般不超过10cm。一些旱地和灌溉条件差的山坡地以及丘陵地区的玉米地，不适宜培土。

三、合理施肥

1. 攻秆肥

是否施攻秆肥应根据植株生长、地力、基肥等情况灵活施用。苗情良好、基肥足的可不施用；如植株生长缓慢、地力差，要适当多施或早施。攻秆肥以速效氮肥为主，每亩施肥总量不超过总追肥量的10%，缺磷地块同时可以补施磷肥。

2. 攻穗肥

攻穗肥是指在抽雄穗前10～15天，即在大喇叭口期施肥。此时施肥对确定果穗大小和穗多少起着关键性的作用。春玉米攻穗肥需求量占总追肥量的60%～70%即可，每亩施尿素16～19kg。

夏玉米穗期追肥应根据土壤肥力、植株生长情况、基肥数量而定。对土壤肥力较高、植株生长稳健的田块，采用"前轻后重"的追肥方式；对土壤肥力差、植株生长势弱的田块，采用"前重后轻"的追肥方式。夏季气温高，为提高肥料的利用率，施肥时要根据土壤墒情确定施肥深度，天气干旱时要带水施肥。

四、灌溉和排涝

玉米穗期温度高，生长速度快，植株蒸腾强烈，因此对水分需求量大。特别是在大喇叭口期，如果缺水会出现"卡脖旱"的现象，雄穗和雌穗无法正常抽出，授粉不良产量降低。玉米穗期一般灌溉两次，第一次在大喇叭口前期，结合施肥进行灌溉；第二次在抽雄后，灌溉时要浇足、浇透。

在多雨年份，地势低洼地区土壤水分过多，应及时排水防洪，否则会影响根的活动力，也会造成减产。

五、病虫害防治

玉米穗期常见的病害有大小斑病、瘤黑粉、褐斑病等；常见的害虫有玉米蚜、黏虫、玉米螟等。

1. 叶斑病防治

（1）**农业措施** 一是推广抗病良种，有计划地轮换种植，可以有效减少病菌变化。二是玉米收获后要及时翻耕，将秸秆粉碎后翻入土中腐烂分解，如地块病害较严重，则应与其他农作物轮作。三是玉米种植时可采取间作套种或者宽窄行种植的方式，使种植密度合理。应合理施肥，培育壮株；适时中耕，增强土壤的通透性；植株发病后要及时除去病叶，若植株发病严重应整株拔除。

（2）**化学药剂防治** 植株发病初期喷洒药剂，除去病叶，喷后5h内下雨则应补喷。大小叶斑病可用50%多菌灵可湿性粉剂500倍液或70%甲基硫菌灵可湿性粉剂500～700倍液喷雾，每隔7天一次，共喷2～3次。

褐斑病可用25%三唑酮可湿性粉剂或12.5%烯唑醇可湿性粉剂1000～1500倍液，或50%多菌灵可湿性粉剂500倍液喷雾防治，每隔7天一次，共喷2～3次。

2. 虫害防治

(1) 农业措施　　一是根据当地具体情况选用抗病良种。二是冬前采用秸秆高温发酵沤肥、粉碎还田、饲养牲畜等方式有效杀灭害虫越冬宿主。

(2) 化学药剂防治　　玉米螟每亩可用20%氰戊菊酯乳油8～10mL或25%氰戊·辛硫磷乳油50～100g拌细砂15kg灌心，或用辛硫磷颗粒加细土拌成毒土撒入玉米心叶内。

黏虫可用80%敌敌畏乳油1000～1500倍液，或25%甲萘威水剂500倍液，或25%杀虫双水剂500～800倍液，每公顷用药225～300mL，兑水稀释3000～4000倍液进行常规喷雾。

(3) 生物防治　　利用其天敌防治，如可用赤眼蜂有效控制玉米虫害，即把人工繁殖的赤眼蜂卡反卷在玉米中下部叶片的背面，赤眼蜂可将它的卵寄生在害虫的卵内，导致寄主死亡，有效降低虫害对作物的危害。

技能训练　玉米拔节孕穗期苗情诊断

一、实训目的

学会玉米拔节孕穗期长势长相诊断技术，正确诊断苗情，以便采取相应的栽培技术措施。运用合理手段有效防治玉米病虫害，培养学生的环保意识。

二、材料用具

米尺、移植铲、游标卡尺、放大镜、铅笔等。

三、内容方法

以小组为单位选择4块玉米田，按下列项目进行调查。

① 玉米拔节孕穗期长势长相调查。

a. 取样点的确定：取代表性五点，每点连续取10株。

b. 株高。

c. 第一节间长度、第二节间长度。

d. 第二节间粗度。

e. 真叶数。

f. 叶色。

g. 根系情况：根长 (cm)，初生根、次生根数目，支持根层数、数目。

② 检查玉米病虫害发生情况。

四、作业

① 将测量的结果填入表格。

玉米拔节孕穗期生长发育情况登记表　　　　　年　　月　　日

编号	株高/cm	第一节间长/cm	第二节间长/cm	第二节间粗/cm	真叶数	叶色	根系生长情况

② 根据玉米患病虫害具体情况，使用相应的化学药剂防治。

五、考核

现场考核，根据测量结果与学生现场操作的熟练程度、准确度和实训表现等确定考核成绩。

任务三　玉米后期田间管理

 任务目标

知识目标：① 了解玉米后期生育特点和主攻目标。
　　　　　② 掌握玉米籽粒形成的过程。
技能目标：① 会去雄和人工授粉。
　　　　　② 能根据玉米的长势拔除弱株空秆，确保玉米后期产量。
素养目标：培养学生吃苦耐劳的精神。

 基础知识

一、玉米后期生育特点

玉米后期是指从抽雄到籽粒成熟的这段时间。此期开始开花受精和籽粒发育，是决定玉米粒数、粒重的重要时期。

1. 以生殖生长为主

玉米的营养生长基本停止、营养器官基本形成，植株开始开花、散粉、受精、结实。

2. 是争取产量的关键时期

营养物质迅速向籽粒输送，籽粒逐渐增大，是最后决定粒数和争取粒大、粒饱的关键时期。

玉米开花授粉期一般持续5～7天，此时植株对温度、湿度等条件要求都比较高。温度高干旱，授粉成功率会降低；湿度过大，花粉的寿命就会缩短；水分不足，会影响花丝和雄穗的生长。玉米授粉成功后就进入籽粒形成阶段。玉米籽粒从形成到完全成熟可分为4个时期：

(1) **籽粒形成期** 玉米在受精后 15 天左右，进入胚的分化形成期，胚和胚乳仍可分开。籽粒含水量 80%～90%，胚乳呈清浆状，籽粒形似珍珠。

(2) **乳熟期** 玉米授精后 15～35 天，籽粒含水量 50%～70%，摸起来软嫩。籽粒内干物质在迅速积累，胚乳由清浆状变为乳白色糊状。

(3) **蜡熟期** 玉米授精后 35～45 天，籽粒含水量 30%～45%，此时籽粒比较饱满，但硬度不大，可以用指甲掐破。籽粒内干物质积累速度变缓，胚乳由糊状变为蜡状。

(4) **完熟期** 从蜡熟期末到种子完全成熟的时间称为完熟期。此时籽粒含水量比较低，饱满，硬度比较大，淀粉含量高，乳线消失，籽粒基部出现黑帽层，果穗苞叶变黄。

二、玉米后期管理目标

养根护叶，防早衰，促进籽粒灌浆，提高粒重，实现丰产丰收。

 任务实施 玉米后期管理措施

一、巧施粒肥

虽然玉米穗期已施重肥，但玉米生育后期仍需肥较多。花粒期追施攻粒肥应在雌穗吐丝前后进行，防叶片早衰、提高光合效率、增粒重。此时施肥以速效氮肥为主，量占总追肥量的 10%～20%。穗期施肥较多的花粒期应控制追肥量，避免贪青晚熟。

二、灌溉和排涝

玉米抽雄开花和籽粒灌浆期需水量较大，因此，在玉米抽雄后 30 天应注意及时浇水防旱，促粒数、增粒重。如田间出现积水现象，也应及时排涝，防止根系早衰。

三、去雄和人工辅助授粉

去雄就是把玉米的雄花去掉，可有效节省植株养分，使玉米由营养生长转向生殖生长，促进雌穗早吐丝，使养分向果穗输送；去雄还可以改变田间的通透性，改善玉米群体内的光照条件，利于叶片的光合作用；雄穗上有玉米螟、蚜虫等害虫，去掉雄穗带到田外，可有效减少虫害，因此人工去雄是一项有效的增产措施。

去雄应选择雄穗在刚露出还未散粉时操作，最好在晴天进行，10:00 至 15:00 较为适宜。此时温度高，植物蒸腾作用弱，利于伤口愈合，避免感染病菌。一般选择隔行或隔株去雄。为保护玉米正常授粉，地头地边的雄穗不要去除。

玉米是雌雄同株异花授粉作物，雌穗与雄穗开花时间会间隔 3～5 天。如玉米开花授粉期阴雨天多，空气湿度大，则花粉传播距离近，花粉利用率低；玉米开花授粉期高温干旱，花粉生命力降低，无法满足授粉的要求。因此可以通过人工辅助授粉的方式，能有效减少缺粒、少粒、秃尖等现象，提高玉米结实率及其产量。

人工授粉方式多分为两种，第一种是通过采集容器授粉，具体方法为手持容器靠近玉米雄穗，轻摇顶部，使花粉落入容器。除去花粉中的杂质，将花粉洒在玉米花丝上。第二种是两人合作，用一根绳子在田间轻晃或直接摇植株，让花粉落下完成授粉。

以上两种方法，第一种费力，但授粉效果好；第二种速度快，但花粉浪费较严重。

四、拔除弱株空秆

玉米在种植过程中常会出现弱株、空秆现象,这些植株会争夺养分、水分。拔除这些弱株、空秆会增强田间通风透光,有利于光合作用,使养分、水分留给正常植株,减少染病率,促进玉米穗大粒多,提高产量。

五、病虫害防治

玉米后期常见病虫害有大小斑病、锈病、玉米螟、蚜虫等,须加强防治,防治方法同玉米穗期。

六、适当晚收

在不影响下一茬作物种植的前提下,玉米适当晚收可提高玉米的千粒重、增加产量,完熟期是适宜收获期。收获标志为:玉米果穗苞叶开始发黄、干枯、松散,籽粒变硬,表面发光呈金色,乳线消失。

技能训练 玉米人工授粉

一、实训目的

初步掌握人工辅助授粉的技术与原理,懂得人工辅助授粉的好处,了解人工授粉的原因与过程。

二、材料用具

玉米植株、专用授粉纸袋。

三、内容方法

玉米人工授粉:

① 选择晴朗的天气在玉米地里选取一棵健康的玉米植株,找到其雄蕊与雌蕊。

② 用羊皮纸袋在授粉前一天套住开放散粉的雄花,在玉米须(花丝,柱头)没有从穗中抽出时就进行雌花套袋。等雌花花丝抽出1~2cm时,将玉米的茎秆轻轻摇动或敲打套住雄花的套袋,收集花粉。

③ 打开雌花套袋,将收集好的花粉倒在雌蕊的柱头上。

四、作业

人工授粉3天后,观察雌穗上花丝情况。如花丝枯萎,则人工授粉成功,否则要重新进行人工授粉。

五、考核

现场考核与操作结果考核相结合,根据学生现场操作的熟练程度、准确度,授粉成功率和学生实训表现等确定考核成绩。

知识拓展 玉米抗低温保苗技术

一、适期早播

玉米适期早播，可以前延苗期生育日龄，充分利用有效积温，用其补充玉米苗期生育缓慢所消耗的时间，保证出苗。

二、播前种子处理

播前种子处理是促进玉米出苗的有效措施。抗低温、促出苗、保全苗，关键要选择抗寒、抗旱品种，因地制宜地确定主推品种，做好选种、种子播前处理等工作，提高种子的生命力，提高发芽势。

三、苗期施磷肥

苗期施磷肥对于缓解玉米低温冷害有一定的效果，不仅可以保证玉米苗期对磷素的需要，而且还可以提高玉米根系的活性，是玉米抗低温发苗的最有效措施。在玉米种肥中施入磷肥总量的 1/3 磷肥，或施入富尔磷钾菌 $30\sim45kg/hm^2$，效果较好；对于没有施入种肥的田块，在苗期喷施磷肥叶面肥，效果也很好；也可用禾欣液肥 50mL 兑水 500mL 拌种，可提高抗寒力；还可用生物钾肥 0.5kg 兑水 250mL 拌种，稍加阴干后播种，增强抗逆力。

四、加强苗期田间管理

在玉米苗期采取深松、早趟、多趟等措施，改善土壤环境，提高玉米植株根系活性以促进玉米出苗。

五、苗期早追肥

早追肥满足弥补由地温低造成的土壤微生物活动弱、土壤养分释放少、底肥及种肥不能及时满足玉米对肥料需求量的要求，从而促进玉米早生快发，起到促熟和增产的作用。试验表明，在低产地块上，早追肥比拔节期追肥增产 5%～13%；在中等地块上，早追肥与拔节期追肥增产效果相当，一般没有较大的差异。

 项目测试

一、名词解释

1. 玉米培土
2. 玉米蹲苗

二、填空题

1. 玉米前期的管理要实现（　　）、（　　）、（　　）、（　　）的"四苗"要求。
2. 玉米蹲苗时应遵循"三蹲三不蹲"原则，即（　　）、（　　）、（　　）。

3. 玉米籽粒形成分为（　　）、（　　）、（　　）、（　　）4个时期。

4. 玉米一生分为（　　）、（　　）、（　　）、（　　）、（　　）、（　　）、（　　）7个生育时期。

三、选择题

1. 玉米苗期的生长重心是（　　）。
   A. 茎秆　　　　B. 根系　　　　C. 叶　　　　D. 穗

2. 玉米的地下节根也叫（　　）。
   A. 气生根　　　B. 支持根　　　C. 次生根　　　D. 次生胚根

3. 玉米蹲苗时间应在（　　）。
   A. 定苗前　　　B. 定苗后　　　C. 拔节前　　　D. 拔节后

4. 玉米的定苗期为（　　）。
   A. 3叶　　　　B. 4~5叶　　　C. 6~7叶　　　D. 8叶

5. 玉米攻粒肥的施用时间是（　　）。
   A. 吐丝期　　　B. 大喇叭口期　　C. 抽雄期　　　D. 开花期

四、简答题

1. 玉米前期、中期和后期生育特点有哪些？
2. 玉米前期、中期和后期田间管理主攻目标有哪些？
3. 玉米中期田间管理技术要点有哪些？
4. 玉米后期田间管理技术要点有哪些？

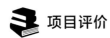 项目评价

项目评价	评价内容	分值	自我评价（10%）	教师评价（60%）	学生互评（30%）	得分
学习能力	知识掌握	18				
	学习态度	10				
	作业完成	12				
技术能力	专业技能	8				
	协作能力	6				
	动手能力	6				
	实验报告	8				
素质能力	职业素养	6				
	协作意识	6				
	创新意识	6				
	心理素质	6				
	学习纪律	8				
总分		100				

项目六

花生田间管理

 学前导读

> 文章《落花生》里写道:"它的果实埋在地里,不像桃子、石榴、苹果那样,把鲜红嫩绿的果实高高地挂在枝头上,使人一见就生爱慕之心。你们看它矮矮地长在地上,等到成熟了,也不能立刻分辨出来它有没有果实,必须挖起来才知道。"我们做人也应当像花生一样不图虚名、默默奉献。要做有用的人,不为名利,要有只求有益于国家、民族和社会的人生理想和价值观。

任务一 花生前期田间管理

 任务目标

知识目标: ① 掌握花生苗期的水分管理和养分管理。
② 掌握花生苗期的杂草识别与防治。
技能目标: 会清棵技术、除草技术。
素养目标: ① 培养学生爱劳动、科学种田意识。
② 引导学生认真观察花生苗期生产过程,培养学生敢于动手能力。

 基础知识

一、花生的生育期与阶段发育

(一) 花生生育期

花生生育期是指花生从出苗到荚果成熟所经历的时间,一般为 100～150 天。早熟品种 100~130 天，中熟品种 135~150 天，晚熟品种 150 天以上。

花生分布范围非常广，分布地区的海拔高度、气候条件、土壤肥力和耕作制度差异极大。一般在年平均温度 11℃ 以上、年降水量高于 500mm、生育期积温超过 2800℃ 的地区，才适宜花生生长。在东北及西北地区的北部，无霜期短，生产上多采用生育期短的早熟品种。

花生是生育期较长的作物，我国北方花生产区，受光照资源限制，多为一年一熟。目前小麦—花生或油菜—花生一年两熟的种植方式已普遍存在。

(二) 花生生育时期

1. 发芽出苗期

发芽出苗期是指从花生播种至 50% 的幼苗出土，并且展开第一片真叶的时期。春播花生，一般为 8~15 天。

2. 幼苗期

幼苗期是指从出苗期至 50% 的植株第一朵花开的时期。春播花生，一般为 25~35 天。

3. 开花下针期

开花下针期是指从幼苗期至 50% 的植株出现鸡头状幼果的时期。春播花生，一般为 25~35 天。

4. 结荚期

结荚期是指从开花下针期至 50% 的植株出现饱满果实的时期。春播花生，一般为 30~40 天。

5. 饱果成熟期

饱果成熟期是指从结荚期至绝大多数果实饱满、成熟的时期。春播花生，饱果成熟期为 40~50 天。

二、花生的器官建成

1. 根和根瘤

(1) **根的形态与生长**　花生的根属直根系。主根由胚根发育而来，主根上分生出的侧根为一次（级）侧根，一次侧根分生出的侧根为二次侧根，依此类推。种子萌动后，胚根首先突破种皮，垂直向下伸长，形成主根。出苗时主根长可达 19~40cm，侧根已有 40 余条，成熟时主根长一般为 60~90cm。侧根于 15cm 土层内生出最多，花生主体根系分布在 30cm 深的土层内。

(2) **根瘤**　花生根上长有瘤状结构，称为根瘤。圆形，直径 1~5mm，多着生在主根的上部和靠近主根的侧根上。幼苗期的根瘤菌基本不能进行固氮；开花以后，开始为花生提供氮素；结荚初期是根瘤菌固氮和供氮的高峰期，生育后期，根瘤破裂，根瘤菌重新回到土壤中。

2. 茎与分枝

(1) 茎的形态　花生主茎直立。一般为绿色，老熟后变为褐色。茎上有白色茸毛。主茎一般有15～25个节间。丛生型主茎高于蔓生。同一品种，由于环境条件和栽培措施不同，主茎高度差异也较大。一般丛生型品种主茎高以40～50cm为宜，超过50cm有旺长趋势，易倒伏；低于30cm营养体生长不良。

(2) 分枝　主茎上生出一级分枝，在一级分枝上生出二级次分枝，依此类推。第一、二条一级分枝是从子叶叶腋中长出的，对生，称为第一对侧枝。第三、四条一级分枝由主茎第一、二真叶叶腋生出，互生，由于节间极短，近似对生，一般又称为第二对侧枝。第一、二对侧枝及其长出的二级分枝构成花生植株的主体，亦是花生开花结果的主要分枝，占全株总果数的70%～80%。

(3) 株型　花生分为蔓生型、半蔓生型和直立型三种株型。蔓生型（或匍匐型）：侧枝贴地生长，仅前端一小部分向上生长；半蔓生型（或半匍匐、半直立型）：第一对侧枝近基部与主茎呈60°～90°，侧枝中、上部向上直立生长，直立部分大于匍匐部分；直立型：第一对侧枝与主茎所呈角度小于45°。直立型与半蔓生型合称丛生型。

3. 叶的形态

花生的叶可分为不完全叶和完全叶（真叶）两种。每一分枝第一节或第一、二甚至第三节着生的叶是鳞叶，属不完全叶。子叶亦是鳞叶。花生的真叶为四小叶羽状复叶，偶尔有多于或少于4片的畸形叶。小叶片的叶形分为椭圆、长椭圆、倒卵、宽倒卵形四种。叶片颜色可分为黄绿、淡绿、绿、深绿和暗绿等。

4. 花

(1) 花序和花器形态　花生为总状花序。花为蝶形花，由苞叶、花萼、花冠、雄蕊和雌蕊组成。花的基部最外层为一长桃形外苞叶，其内为一片二叉状内苞叶。花萼下部连合成细长的花萼管，上部为5枚萼片，其中4枚连合，1枚分离。萼片呈浅绿、深绿或紫绿色，花萼管多呈黄绿色，被有茸毛，长2～7cm；花冠从外向内由1片旗瓣、2片翼瓣和2片龙骨瓣组成，橙黄色。雄蕊10枚，2枚退化，4个长形，4个圆形，相间而生。雌蕊1个，单心皮，子房上位，子房位于花萼管底部。花柱细长。子房基部有子房柄，在受精后，其分生延长区的细胞迅速分裂使子房柄伸长，把子房推入土中。

(2) 花芽分化　花芽分化的全过程可分为花序及花芽原基形成；花萼原基形成；雄蕊、心皮分化；花冠原基形成；胚珠、花药分化；大、小孢子母细胞形成；雌、雄性生殖细胞形成；胚囊及花粉粒发育成熟；开花等9个时期。

(3) 开花和受精　开花的前1天约16:00，花蕾即明显增大。傍晚花瓣开始膨大，撑破萼片，微露黄色花瓣。至夜间，花萼管迅速伸长，花柱亦同时相应伸长。次日清晨开放，当天下午花瓣萎蔫，花萼管亦逐渐干枯。花生的授粉过程一般在开花前即已完成。授粉后10～18h可完成受精。

花生开花顺序大致为由下而上、由内而外依次开放，相邻花开放间隔2～3天，整个植株或整个群体开花期延续时间为50～90天或更长。

5. 果针形成和入土

(1) 果针的形态和伸长过程　花生的胚珠受精后，经24h的休止期，开花后3～6

天,即可形成子房柄。子房柄连同其先端的子房合称果针。子房柄的曝光部位呈紫绿色。

子房柄生长最初略呈水平,不久即弯曲向地生长、入土。子房柄迅速伸长,入土后达一定深度后停止伸长,子房开始膨大,并以腹缝向上横卧发育成荚果。珍珠豆型品种入土较浅,一般3~5cm;普通型品种入土4~7cm;龙生型中有的品种入土可达7~10cm。在砂土上入土较深,黏性土上入土较浅。

(2) 影响果针形成和入土的因素 影响果针形成的因素主要有:①花器发育不良;②开花时气温过高或过低,果针形成的最适温度为25~30℃;③开花时空气湿度过低,空气相对湿度小于50%时,成针率极低。另外,密度提高时,成针率有所下降。果针离地愈高,果针愈长、愈软,入土能力愈弱。土壤湿润疏松,有利于果针入土。

(3) 荚果形成和发育 ①荚果的形态及解剖。花生果实属于荚果。果壳坚硬,成熟时不开裂,多数荚果具有二室亦有三室以上者。各室间无横隔,有或深或浅的缩缢,称果腰。果壳具纵横网纹,荚果的果嘴鸟喙状。荚果形状分为普通形、斧头形、蜂腰形、茧形、葫芦形、曲棍形、串珠形7种。②荚果的发育过程。从果针入土到荚果成熟,整个过程可分为两个时期:前期称荚果膨大形成期,需时30天左右;后期称荚果充实期或饱果期,需时30天左右。主要是荚果干重迅速增长,籽仁充实,荚果体积不再增大。在生产上常将荚果按成熟程度不同分为3个类别:幼果,子房呈鸡头状至体积达最大,籽仁尚无食用价值,荚果干后皱缩;秕果,籽仁可食用,但未饱满,果壳网纹开始清晰,但尚未完全变硬;饱果,籽仁充分成熟,呈现品种本色,果壳网纹清晰、全部变硬,内果壳出现褐斑。③影响荚果发育的因素。黑暗是荚果发育的必要条件,只要子房处于黑暗条件下,不管其他条件满足与否,都能膨大发育;机械刺激是花生子房膨大的又一基本条件。其他条件具备,但缺乏机械刺激的果针,只能长成畸形荚果;当结果区干燥时,即使花生根系能吸收充足的水分,荚果也不能正常发育;在排水不良的土壤中或黏土地上,由于氧气不足,荚果发育缓慢,空果、秕果多,结果少,荚果小,甚至烂果。对于结果区矿质营养,花生子房柄和子房都能从土壤中吸收无机营养。氮、磷等大量元素在结荚期虽然可以由根或茎运往荚果,但结果区缺氮或缺磷对荚果发育仍有重大影响;荚果发育的最低温度为15℃,高限为33~35℃,在此幅度内,温度越高荚果发育越快。

三、花生前期生育特点

从出苗到50%的植株第一朵花开放为苗期。一般辽宁春播花生苗期为25~35天,地膜覆盖栽培可缩短2~5天。

1. 苗期地上部分生长缓慢,以生根、分枝、长叶为主

(1) 主要结果枝形成 出苗后,主茎第1~3片真叶很快连续出生。之后,真叶出生速度变慢。第5~6片真叶展开时,主茎已出现4条侧枝,呈"十"字形排列,通常称为"团棵期"。至始花时一般会有6条以上分枝。

(2) 花芽大量分化 到第一朵花开放时,可形成几十个花芽,苗期分化的花芽在始花后20~30天内都能陆续开放,基本上都是有效花。

(3) 大量根系发生 主根迅速伸长,侧根相继发生。根瘤开始形成。

2. 苗期长短主要受温度影响

苗期生长最低温度范围为14~16℃,最适温度为26~30℃,需大于10℃的有效积温

300～350℃。花生苗期对肥水需要量较少,是一生最耐旱的时期。肥水过多易引起茎叶徒长。苗期对氮、磷等营养元素吸收不多,但在团棵期,适当施氮、磷肥能有利于根瘤菌固氮。

四、花生前期管理目标

保证苗齐、苗全、苗匀、苗壮。争取有较多有效花芽。

 任务实施 花生前期管理措施

一、查苗补种

齐苗后及时查苗。如果出现缺苗,应移苗补栽或催芽补种。移苗补栽宜选择2片真叶幼苗,在阴天带土移栽。

二、清棵

1. 清棵

花生基本齐苗时结合第一次中耕,将幼苗周围的表土扒开,使子叶直接露出。

2. 清棵的主要作用

① 及时清棵使第一对侧枝一出生就直接见光,从而基部节间粗壮且短,侧枝二次分枝早生快发,开花早且集中,结果整齐、早、多,饱果率高。

② 起到蹲苗作用,清棵可促根生长,使主根下扎、侧根增多,幼苗生长健壮。有利于提高抗旱能力。

③ 清棵可疏松土壤,还可以尽早地把护根草除掉,利于果针入土。还能减轻苗期病虫害。

3. 清棵时间

清棵一般可增产10%以上。应在基本齐苗时清,齐苗一块清一块。如到齐苗后5天再清,第一对侧枝已由土中伸出,清棵效果则不明显。过早不利幼苗生长。另外,清棵时不能碰掉子叶。清棵深度不宜过浅,否则起不到清棵作用,不宜过深,否则易倒伏,应以子叶刚露出土面为适宜。清棵15～20天后,结合第二次中耕进行平窝。

三、中耕除草

① 花生生长期间中耕3～4次:第一次在齐苗后结合清棵进行;第二次在团棵时进行;最后一次应在下针、封垄前不久进行。

② 花生田杂草常见的有狗尾草、牛筋草、反枝苋、马齿苋、刺儿菜、香附子、藜、苍耳、龙葵以及莎草等。

③ 生产上常用化学除草剂

a. 封闭除草剂。生产上可以选择喷施封闭除草剂来防治杂草,花生播种以后出苗前进行喷施,主要为芽前除草剂,可用药剂如甲草胺、乙草胺、异丙甲草胺等。每公顷用

1500～2250mL乙草胺或甲草胺兑水750～1000kg，于花生播后出苗前喷洒地表。覆膜花生使用除草剂效果较好，可适当减少药量，而露地花生则要适当加大药量。

b. 苗后除草剂。生产上常使用苗后除草剂进行除草，常用品种有：氟磺胺草醚、灭草松、三氟羧草醚、精喹禾灵、乙羧氟草醚等。杂草抗性较弱的区域，选择单剂或二元复配即可；如果当地杂草比较难防治，可使用三元复配尝试，根据实际情况进行选择。花生田间杂草多，喷施除草剂不彻底，又担心出现药害，可选择人工拔除，效果好且安全。

四、苗期灌溉

花生苗期一般不浇水。花生在足墒播种的情况下，整个苗期都能维持适宜水分而不必浇水。花生苗期土壤含水量低于田间持水量的40%～50%时才需浇水。

五、苗期追肥

1. 追肥时间

3～6叶期施用速效性氮肥，可以促进花生增加花荚数，效果非常好。

2. 施肥量及方法

每亩地施入硫酸铵8～10kg，或者施入复合肥15～20kg；可以选择撒施，也可以选择开沟条施。

六、病虫害防治

1. 青枯病

苗期到收获期都可发病，盛花期发病最严重。典型症状：病株主茎顶梢第1、2叶开始，白天萎蔫早晚恢复，时间久早晚也不会恢复。感病植株叶片自上而下萎蔫下垂，叶色较暗淡，仍为青绿色。病株根部会变褐腐烂，茎维管束边呈褐色，湿度较大条件下用手稍挤压会出现菌脓。植株从感病到枯死需7～15天，植株上的荚果、果柄呈褐色湿腐状。

药剂防治：发病初期用72%农用链霉素500倍液、77%氢氧化铜可湿性粉剂500倍液喷淋根部，每隔7～10天1次，连喷3次。也可采用25%的敌枯双配制成毒土盖种，或用1000倍液灌根。

轮作倒茬可有效控制青枯病的发生，与红薯、玉米或采用水旱轮作的方式较为适宜，轮作周期达3～5年。

2. 根结线虫病

主要为害植株的地下部，引起植株矮小、叶黄、脱落、开花迟。花生根、荚果都能受害。线虫侵入根部，使根尖膨大变为纺锤形或不规则的根结，初呈乳白色，后变黄褐色，表面粗糙。此外在根颈、果柄和果壳上有时也能形成根结。

药剂防治：5%灭线磷颗粒剂每亩6～7kg沟施、阿维菌素3000倍液淋根。

技能训练 花生形态观察与类型识别

一、实训目的

通过实训活动使学生认识花生的形态,掌握其形态特征;认识花生不同类型,掌握其不同类型特点。

二、材料用具

① 材料:花生植株标本。
② 用具:钢卷尺、锹、小铲。

三、内容方法

1. 花生的主要类型

(1) **普通型** 根据株型分立蔓、半立蔓和蔓生 3 个亚型。荚果为普通型,通常称之为大花生,属交替开花。

(2) **龙生型** 荚果曲棍形,株型多为蔓生、匍匐。分枝性强,交替开花,花量多。

(3) **珍珠豆型** 连续开花,株型紧凑,结果集中。早熟。荚果葫芦形,籽粒饱满。

(4) **多粒型** 荚果为串珠形,连续开花,成熟特早,产量很低。

2. 花生各器官形态特征

(1) **种子** 花生种子由种皮和胚两部分组成,花生种皮薄,易吸水,皮色有黑、紫、紫黑、紫红、红、深红、粉红、淡红、浅褐、淡黄、红白相间等。种子的大小因品种和栽培条件而异,百仁重在 80g 以上的为大粒种,50g 以下的为小粒种,50~80g 的为中粒种。

(2) **根和根瘤** 花生的根属直根系,由主根和各级侧根组成。花生的根瘤为圆形,多数着生在主根的上部和靠近主根的侧根上,在胚轴上亦能形成。

(3) **茎和分枝** 花生的主茎直立,主茎一般有 15~25 个节间。花生的分枝数量依品种不同而有变化。花生第一、二两条一次分枝从子叶叶腋间生出,对生,通称第一对侧枝。

(4) **叶** 花生叶可分为不完全叶和完全叶(真叶)两类。每一分枝第一或第一、二节上着生的先出叶为鳞叶,属不完全叶。真叶为四小叶的羽状复叶。小叶片全缘,分卵形和椭圆形,有的品种近似披针形。花生每一真叶相对的四片小叶,具有"感夜运动",同时具有较明显的"向阳运动"。

(5) **花序和花** 花生的花序为总状花序或复总状花序。花为蝶形花,萼片呈浅绿、深绿或紫绿色。

(6) **果针** 子房柄连同子房合称果针。果针形成不久即弯曲向下插入土中。当入土达一定深度后,子房开始膨胀,并以腹缝向上横卧生长,发育成荚果。果针形成对温度反应敏感,高于 30℃或低于 19℃基本不能形成果针。空气干燥也会影响受精,从而阻碍成针。

（7）荚果　花生果实属于荚果。果壳坚厚，成熟时不开裂，具有纵横网纹，前端突出略似鸟嘴称果嘴。每果常 2 室以上，室间有果腰，但无隔膜。花生是地上开花地下结果的作物。

四、作业

总结花生根、茎、叶形态特征。

五、考核

根据学生操作熟练程度、准确度，实训报告质量，学生实训表现等确定成绩。

任务二　花生中期田间管理

 任务目标

知识目标：① 掌握花生开花下针期的水分管理和养分管理。
　　　　　② 掌握花生中期主要病虫害识别与防治技术。
技能目标：学会培土技术、施肥技术、农药配制技术。
素养目标：① 培养学生爱劳动、科学种田意识。
　　　　　② 引导学生认真观察花生中期生产过程，培养学生敢于动手能力。

 基础知识

一、花生开花下针期生育特点

从始花到 50% 植株出现鸡头状幼果为开花下针期，简称花针期。辽宁中熟品种春播一般需 25～30 天。

开花下针期是花生大量开花、下针，营养体开始迅速生长的时期。根系和茎叶生长迅速，达到一生中最快时期。田间还未封垄或刚封垄。有较多的果针入土。此时期所开的花和所形成的果针有效率高，饱果率也高，是产量形成的重要时期。

开花下针期最低温度 10℃，适宜的日平均气温为 22～28℃，有效积温 290℃。土壤干旱，尤其盛花期干旱，对开花有影响显著，会延迟果针入土，有的会中断开花，延迟荚果形成。水分过多时，易造成茎枝徒长，花量减少。

二、花生开花下针期管理目标

生长稳而不旺，多开花，多下针。

任务实施 花生开花下针期管理措施

一、培土、迎果针

培土"迎针下扎",在大批果针入土之际培土,可以缩短果针入土距离。高度5～6cm。培土后形成垄沟,便于灌排。

1. 正确培土的要点

① 培土的适宜时间应在盛花期,大量果针即将入土之际。
② 培土时掌握"培土不壅土"的原则,做到"穿垄不伤针,培土不压分枝"。培土后形成凹顶或"M"形的垄部,行距不能少于40cm。

2. 花生控制下针栽培法

莱阳农学院设计的"花生控制下针栽培法",主要由三个栽培环节组成。
① 播种后扶成尖型垄,尖顶距种子8～10cm,幼苗顶土时撤除子叶上1cm之上的浮土,起到清棵作用。
② 始花期中耕使垄形呈窄埂状,使植株间通风降湿,延迟早期果针入土。
③ 盛花期培土呈"凹"形,使大批有效果针同时入土。

二、合理灌溉

花生开花下针期是花生生长发育最旺盛期。该时期株体大,气温高,土壤蒸发量大,叶片蒸腾量大,是花生一生中需水量最多的时期,科学灌溉是夺取花生高产的关键。

1. 掌握需水规律

花生全生育期需水的总规律是"两头少,中间多",开花下针期处于花生生育中期,是需水最敏感的时期。

2. 判断土壤墒情

花生开花下针期土壤干旱时,花量下降,受精不良,果针下扎和荚果发育也逐渐停止;土壤水分过多时,土壤通透性差,易茎枝徒长;大风天气时极易发生根茎倒伏现象,易拔出或埋压花针和荚果。土壤含水低于正常含水量一半时,一般情况下,抓起耕层土壤成团、落地散开应进行灌溉。

3. 科学灌溉

花生浇灌方式有三种:沟灌、喷灌和滴灌。
(1) **沟灌** 在花生行间开沟,水在沟中流淌,慢慢渗入植株根部。
(2) **喷灌** 节水30%以上,不破坏土壤结构,能调节地面气候。一般每公顷用水量200～240m^3。
(3) **滴灌** 节水35%以上,利用低压管道系统,通过分布在田间的许多滴头或孔口,将水慢慢渗入花生根系周围。

三、中耕除草

应在下针、封垄前进行,是最后一次中耕。

四、适时追肥

花生在开花下针期需肥多,其固氮能力较强,一般不施氮肥,对磷、钙、钾肥需求迫切,为避免植株徒长,追肥应以磷、钾、钙肥为主。可每亩追肥过磷酸钙20kg+有机肥300kg。如苗势较弱可亩施硫酸铵10kg,并配合施用磷、钾、钙肥。

五、生长调节剂应用

在花生上使用的植物生长调节剂种类繁多,但主要是植物生长延缓剂多效唑或三唑酮。施用目的是抑制茎、叶生长,控制旺长,防止倒伏。

多效唑药效较强烈,可明显抑制地上部营养生长,使植株矮化,增强抗倒伏能力,提高结果数和饱果率。多效唑成本低,见效快。施用适期为盛花期的后期,一般株高超过35cm即应喷施。每亩用15%可湿性粉剂30g,兑水40kg。施用多效唑的目的是控制旺长,只适用于花生生长较旺或有徒长趋势、肥水充足、有倒伏危险的地块,生长正常的地块一般不宜施用。

三唑酮与多效唑能有效地抑制生长和防治锈病。

乙烯利花期喷施浓度为:2000mg/L开花后25天喷雾,能有效抑制开花。可用于控制无效花,但也能抑制茎叶生长和荚果发育,使用不当反而减产。

六、病虫害防治

1. 花生黑斑病

主要发生在花生生长中后期。主要危害叶片,也可危害叶柄和茎秆。病斑暗褐色、圆形、较小,有时没有黄色晕圈,叶片正反两面的病斑基本相同。湿度大时,病斑上产生灰褐色霉状物。病斑多时连成大斑,严重时整个叶柄或茎秆变黑枯死。

化学防治:可选用50%多菌灵可湿性粉剂800倍液、80%代森锰锌可湿性粉剂400倍液防治,每隔10~15天喷一次。也可用75%百菌清可湿性粉剂600~800倍液;或抗枯宁700倍液;或0.3°Bé~0.5°Bé的石硫合剂等。以后每隔10~15天喷药1次,连喷2~3次,每次每亩喷药液50~75kg。

2. 花生焦斑病

在初花期开始发病。主要危害叶片,也会危害叶柄、茎和果柄。叶片上病斑多发生在叶尖或叶缘,也可发生在叶片内部。叶尖边缘处的病斑常呈半圆形,病斑由黄变褐,边缘有黄色晕圈,后期病斑变灰褐色会枯死破裂。

化学防治:田间发病初期可选80%代森锰锌可湿性粉剂400倍液、75%百菌清可湿性粉剂800倍液喷施,相隔10~15天喷1次,喷2~3次。

3. 花生蚜虫

5月下旬至6月下旬是主要危害期,需重点防治。

(1) **生物防治** 花生蚜虫的主要天敌有草蛉、食蚜蝇、瓢虫等。控制效果比较好。

(2) **物理防治** 黄板诱杀,即在田间悬挂黄板诱杀花生蚜虫。

(3) **化学防治** 花生蚜虫的防治宜早不宜晚。花生中后期的蚜虫防治,应选用低毒、低残留农药品种,如用50%抗蚜威可湿性粉剂3000倍液,2.5%敌百虫粉剂喷粉等对花生蚜虫进行防治。

4. 棉铃虫

主要发生期为 6 月下旬～7 月上旬。

化学防治：花生开花下针期是药剂防控的最佳时期。可选药剂 1.8% 阿维菌素、2.5% 高效氯氟氰菊酯每亩 40mL 药剂喷雾防治。

 技能训练　花生清棵技术

一、实训目的

通过实训活动让学生掌握花生清棵技术，培养学生爱劳动、科学种田意识。

二、材料用具

大锄、小手锄。

三、内容方法

1. 清棵时间

在齐苗时进行。

2. 清棵深度

以子叶露出地面为准。

3. 方法

先用大锄在行间浅锄一遍，再用小手锄扒土清棵。

四、作业

总结清棵技术。

五、考核

根据学生操作熟练程度、准确度，实训报告质量，学生实训表现等确定成绩。

 花生后期田间管理

任务目标

知识目标：① 掌握花生结荚成熟期的水分管理和养分管理。
② 掌握结荚成熟期主要病虫害识别与防治。
技能目标：学会叶面施肥技术、植物生长素配制技术。

素养目标： ① 培养学生爱劳动、科学种田的意识。
② 引导学生认真观察花生结荚成熟期生产过程，培养学生敢于动手能力。

 基础知识

一、花生结荚成熟期生育特点

从幼果出现到50％植株出现饱果为结荚期。北方中熟品种需40～45天，早熟品种30～40天，地膜覆盖可缩短4～6天。

从50％的植株出现饱果到大多数荚果饱满成熟，称饱果成熟期或简称饱果期。北方春播中熟品种需40～50天，晚熟品种约需60天，早熟品种30～40天。

1. 结荚期

结荚期是花生营养生长与生殖生长并盛期。结荚初期田间封垄。结荚期大批果针入土，是花生荚果形成的重要时期，也是花生吸收养分和耗水最多的时期，对缺水干旱最为敏感。

2. 饱果成熟期

叶片逐渐变黄，衰老脱落，根瘤停止固氮；荚果迅速增重，饱果数明显增加，是果重增加的主要时期。

二、花生结荚成熟期管理目标

促进荚果发育，争取果多、果饱，减缓叶片衰老黄化的速度，推迟落叶。防止烂果。

 任务实施　花生结荚成熟期管理措施

一、追肥

1. 结荚初期

撒施10～15kg以磷和钙为主的复合肥，可极大提高花生结荚数。

2. 喷施叶面肥

生产上可用每亩追肥磷酸二氢钾200g兑水60kg后对叶面喷施，每隔7天喷施一次，连续喷施三次。可用1％尿素溶液喷施。花生常需补充的是铁、锌、硼和钼。花生有黄化现象，一般可用1％～3％硫酸亚铁或螯合铁溶液于新叶发黄时叶面喷施，每隔1～2周喷一次，连续喷2～3次。缺锌症状是植株矮化，叶片失绿，可用1％～2％硫酸锌溶液于花针期喷施。锌过多易产生毒害。

二、使用生长调节剂

结荚期分别喷施3.5mg/L赤霉素、11.3mg/L 6-苄基腺嘌呤、脯氨酸、抗坏血酸和甘氨酸等，均可延缓后期叶片衰老，提高荚果产量。

三、水分管理

结荚期需水增多，缺水易形成空果、秕果。应适时浇水，保持土壤湿润。辽宁此期多为雨季，水分过多会增加烂果和发芽，应注意排水，以免涝害。

四、病虫害防治

1. 蛴螬

花生开花下针期、结荚期和饱果成熟期均可为害。蛴螬幼虫咬食花生的根、茎造成花生缺苗断垄，严重时会把嫩果全部吃光，将老果咬成空壳。

药剂防治：在收获花生时将翻出的蛴螬收拾起来集中销毁，可有效减少第二年虫口密度。土壤处理：主要是用毒死蜱500mL/亩，用50%辛硫磷颗粒剂拌细土施于播种沟或播种穴内，也具有一定的防效。

2. 锈病

在各个生育阶段都可发生，但以结荚期之后发生严重。主要侵染花生叶片，也可为害叶柄、托叶、茎秆、果柄和荚果。

药剂防治：发病初期可选用50%的胶体硫150倍液；或75%百菌清800倍液；或1:2:200（硫酸铜:生石灰:水）的波尔多液；或25%三唑酮可湿性粉剂3000~5000倍液，每隔10天左右喷1次，连喷3~4次。

3. 花生褐斑病

生长中后期多发。主要为害叶片，也可为害叶柄和茎秆。与黑斑病相比病斑大、颜色浅。叶片正面呈暗褐色或茶褐色，病斑周围有亮黄色晕圈，湿度大时会发生灰褐色粉状霉层。发病严重的，病斑汇合，使叶片干枯脱落。

药剂防治：可选用80%代森锰锌可湿性粉剂800倍液喷雾，或70%的甲基硫菌灵可湿性粉剂1000~1500倍液，或50%的多菌灵可湿性粉剂1000~1500倍液。喷施药时要注意喷匀、喷透，每隔7~10天喷药1次，连喷2~3次。

技能训练　花生经济性状考察

一、实训目的

通过实训活动让学生能够熟练掌握花生经济性状考察方法。

二、材料用具

花生完整植株、计算器、天平、米尺。

三、内容方法

（1）主茎高度　一般取10株平均数值。

(2) 侧枝长　取第一对侧枝的最长侧枝。

(3) 总分枝数　所有枝总和。

(4) 总结果枝数　所有结果枝总和。

(5) 幼果数　没有经济价值荚果数。

(6) 秕果数　籽仁不饱满荚果。

(7) 饱果数　籽仁饱满荚果。

(8) 饱果率　饱果占总结果数。

(9) 百果重　随机称重100个饱满荚果，重复2次，取平均数。

(10) 百仁重　随机称量100个干籽仁，重复2次，取平均数。

(11) 出仁率

$$出仁率 = \frac{籽仁重}{荚果重} \times 100\%$$

四、作业

记录花生主要经济性状并计算结果。

五、考核

根据学生操作熟练程度、准确度，实训报告质量，学生实训表现等确定成绩。

知识拓展　花生地膜栽培

花生地膜覆盖栽培具有保墒抗旱、减少肥料流失、提高地温、保持土壤疏松通气、促进荚果发育的作用，一般增产30%以上。在北方应用广泛，随着地膜栽培的推广，已有配套的覆膜播种机械，能做到起垄、播种、施肥、喷除草剂、覆膜、压土等工序一次完成，大大提高了覆膜效率。

一、品种选择

一般选用中晚熟的大粒品种。

二、增施基肥

地膜花生长势旺吸肥强度大，消耗地力明显，应增施肥料，尤其是有机肥。有机肥可撒施，化肥可集中施在垄内，亦可适量作种肥施用。肥料于播种前施足，一般不宜追肥。

三、地膜规格

一般采用无色透明的微膜和超微膜，幅宽一般85~90cm。现在生产上又推广了带除草剂的药膜和双色膜。

四、精细整地、播种

精耕细耙，垄面平整，足墒播种或抗旱播种。双行种植，垄内小行距不小于35cm，墩距 15~18cm，每公顷 12 万~15 万穴。垄距 85~90cm，垄高 10~12cm，垄面宽 55~60cm，畦沟宽 30cm。地膜花生可先覆膜后打孔播种，孔径 3cm，孔上覆土呈 5cm 土堆；也可先播种后覆膜，在播种沟处膜上压厚约 5cm 的土埂。盖膜前喷好除草剂，提高盖膜质量。

五、田间管理

先盖膜后播种的及时撤土清棵，防止高温伤苗；先播种后覆膜的出苗时及时破膜引苗，使侧枝伸出膜面。中后期防旱、排涝。叶面喷肥防止早衰、旺长的及时喷生长延缓剂控制，及时防治叶斑病。

项目测试

一、名词解释

1. 清棵
2. 下针

二、填空题

1. （　　）元素能刺激花粉的萌发和花粉管的伸长，有利于受精结实。
2. 春花生的基肥施用量占总施肥量的（　　）。
3. 花生幼嫩茎叶变黄，植株生长缓慢，种子发育受阻，空果、秕果增加的原因最可能是（　　）。
4. 花生的苗期是指（　　）。
5. 高产花生适宜的土壤是（　　）。

三、选择题

1. 晚熟春花生的生育期是（　　）。
   A. 160 天以上　　　B. 130~160 天　　　C. 30 天以内　　　D. 130 天以上
2. 花生的开花结果主要集中在第一、二对侧枝及次生分枝上，一般占单株结果数的（　　）。
   A. 80%~90% 及以上　B. 70% 以上　　　C. 60% 以上　　　D. 50% 以上
3. 花生是（　　）。
   A. 喜凉喜光短日照作物　　　B. 喜温喜光短日照作物
   C. 喜温喜光长日照作物　　　D. 喜温喜凉长日照作物
4. 我国最重要的油料作物是（　　）。
   A. 油菜　　　B. 花生　　　C. 大豆　　　D. 向日葵
5. 春播花生不能太早，一般以 5cm 地温稳定通过（　　）为宜。
   A. 16~18℃　　　B. 10~12℃　　　C. 14~15℃　　　D. 12~13℃

四、简答题

1. 简述清棵作用。

2. 简述化学除草剂使用方法。
3. 简述液面喷肥方法。

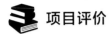
项目评价

项目评价	评价内容	分值	自我评价（10%）	教师评价（60%）	学生互评（30%）	得分
学习能力	知识掌握	18				
	学习态度	10				
	作业完成	12				
技术能力	专业技能	8				
	协作能力	6				
	动手能力	6				
	实验报告	8				
素质能力	职业素养	6				
	协作意识	6				
	创新意识	6				
	心理素质	6				
	学习纪律	8				
	总分	100				

项目七

大豆田间管理

 学前导读

> 大豆原产于中国，已有五千年栽培历史，古时称为"菽"，是世界上最重要的豆类之一。大豆是一年生草本植物，其种子含有丰富的植物蛋白质，蛋白质含量为35%～40%。如今大豆作为生活中必不可少的农产品，常用来制作各种豆制品、榨取豆油、酿造酱油和提取蛋白质等。同时也是养殖畜牧业不可或缺的原料。
>
> 我国大豆的集中产区主要分布在东北平原、黄淮平原、长江流域和江汉平原。其中东北春播大豆和黄淮海夏播大豆是中国大豆种植面积最大、产量最高的两个地区。我国种植的是非转基因大豆，2023年产量约2084万吨，比2022年增长了2.8%。虽然年产量不低，但不能满足需求，很大程度上依赖进口。2024年，中央一号文件已将"巩固大豆扩种成果"列为"确保国家粮食安全"的重要内容，国产大豆的产量将持续增加，所以世界大豆市场的价格很大程度上取决于我国对大豆的需求。

任务一　大豆前期田间管理

 任务目标

知识目标：① 了解大豆生育时期、器官形成和幼苗分枝期生育特点。
　　　　　② 掌握大豆幼苗分枝期及时补种、中耕除草、防治病虫害等田间管理技术。

技能目标：① 学会指导间苗定苗、中耕培土的时间确定和操作技术。
　　　　　② 能根据幼苗生长状况指导追肥的时间、种类、用量和方法等技术。

素养目标：① 引导学生注重基础知识积累，循序渐进地掌握大豆根、茎、叶营养器官知识。
　　　　　② 提高学生技能操作时的安全意识，查苗补苗仔细认真，争取苗全、苗齐、苗壮。

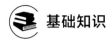 **基础知识**

一、大豆的生育期与阶段发育

（一）大豆的生育期

大豆的"一生"是指大豆从种子萌发到新种子成熟的过程。

大豆从出苗到成熟所经历的时间，称为大豆的生育期。大豆生育期的长短因品种、播种期、纬度、海拔等的不同差异很大。如中熟品种的生育期，东北春大豆 135～145 天，黄淮海流域夏大豆 95～110 天，长江流域夏大豆 110～130 天，南方秋大豆 100～105 天。一般规律是生育期长的品种比生育期短的品种产量高。生产上应根据茬口，选择适宜的大豆品种。

（二）大豆的生育时期

大豆整个生育期中，要经历 6 个主要生育时期。

1. 出苗期

大豆幼苗出土，两片子叶展平时为出苗。全田 50％大豆出苗时为大豆出苗期。此期春大豆需 8～15 天，夏大豆 4～6 天。子叶见光后，由黄变绿即开始光合作用。

2. 分枝期

大豆植株第一个分枝出现时为分枝。全田 50％植株出现第一分枝时为大豆分枝期。此后，主茎自下而上产生分枝，同时花芽大量分化。

3. 开花期

大豆植株第一朵花花冠开放时为开花。全田 50％植株第一朵花开放时为大豆开花期。

4. 结荚期

大豆开花后，子房受精膨大，当幼荚长达 2cm 时为结荚期。全田 50％的大豆植株结荚时为大豆结荚期。

5. 鼓粒期

大豆籽粒明显凸起，体积达最大值时为鼓粒期。全田 50％大豆植株鼓粒时为大豆鼓粒期。

6. 成熟期

50％大豆植株成熟时为大豆成熟期。

（三）大豆的生育阶段

根据大豆营养器官与生殖器官生长发育的主次关系及其栽培过程，大豆的一生可划分为 3 个生育阶段，即幼苗分枝期、开花结荚期、鼓粒成熟期。

二、大豆的器官建成

(一) 根系

1. 根系的形态

大豆根系属于直根系,由主根、侧根和根毛组成。主根向下伸长,分生出侧根,主根和各级侧根的基部分生许多根毛。主根入土深60~80cm,深者可达100cm以下;侧根先是近于水平生长40~50cm,然后向下生长,如此形成一个上大下小的圆锥形根系。主根、侧根上生有根瘤。一株大豆的根系重量占全株总重量的10%左右。

2. 根瘤

根瘤是根瘤菌与大豆根系形成的共生结构,具有固定游离态氮的作用。研究证明,根瘤固定的氮占大豆植株"一生"需氮总量的(1/2)~(3/4)。根瘤发育的好坏及根瘤菌活动能力的强弱,直接影响大豆的生长发育和产量。一般情况下,根瘤的固氮能力在开花结荚期最强,在幼苗期和鼓粒期较弱。生产上应注重大豆前期和后期氮肥的施入。

3. 根系的生长

大豆根系在苗期生长快,以生长主根为主。分枝后,主根生长减慢,侧根生长加快,到开花期根系基本建成。开花后,主根和侧根生长都缓慢,结荚、鼓粒期根系逐渐衰退。生产上在幼苗分枝期应通过多中耕、少浇水、磷肥深施等蹲苗措施,促进大豆根系生长,防止后期根系过早、过快死亡。

(二) 茎和分枝

大豆的茎包括主茎和分枝。主茎由顶芽生长点分化伸长、胚轴伸长形成,分枝由主茎腋芽发育而成。主茎和分枝都是由节和节间两部分构成,主茎节数一般为12~20节,早熟品种略少,晚熟品种多些,春大豆多于夏大豆。上部节间略长,下部节间稍短。大豆主茎和分枝在出苗期生长慢,分枝期加快,开花期生长最快,结荚期后生长减慢。

株高是指子叶节至主茎顶点的距离,一般50~100cm。大豆的幼茎有绿色和紫色两种,绿色茎开白花,紫色茎开紫花。按主茎生长形态不同,大豆可分为3种类型:①蔓生型:主茎、分枝均细长,半直立或匍匐生长。野生大豆多属于此种类型。②半直立型:主茎较粗,上部细弱,有缠绕倾向。植株半直立生长,但肥水过多或徒长时,有倒伏危险,适于稀植。无限结荚习性大豆多属于此种类型。③直立型:植株矮小粗壮,直立生长,抗倒伏能力强,适于高肥水田密植。有限结荚习性大豆多属于此种类型。

大豆茎的生长状态、开花顺序和豆荚分布情况称为大豆结荚习性,根据结荚习性不同可将大豆分为无限结荚习性、亚有限结荚习性和有限结荚习性3种类型。

1. 无限结荚习性

此类大豆植株高大,节间较长,株型松散,容易倒伏。花序多且较短,开花早,花期长,荚果分散。开花顺序是由下向上,下部开花早,上部开花晚,由内向外,循序向上向外开花。主茎开花早于分枝,主茎和分枝的顶端花簇小,且开花迟,成荚率低。环境条件适宜时,主茎和分枝顶端不产生花簇,生长点可无限生长。此类大豆适于稀植于中等地力及以下的土壤，争取植株中下部荚多、荚大是获得高产的关键。

2. 亚有限结荚习性

此类大豆介于无限结荚习性和有限结荚习性类型之间而偏向于无限结荚习性。主茎较发达，分枝性较差。开花顺序由下而上，主茎结荚多，分枝结荚较少。在多水、足肥、密植的情况下，上部节间延长，顶端着生1~2个小荚，表现出无限结荚习性大豆的特征；在肥水适宜、稀植情况下，又表现出有限结荚习性大豆的特征。

3. 有限结荚习性

此类大豆植株矮小，株型紧凑，节间短，不易倒伏。花序较长，开花晚，开花集中，花期短。荚果多着生在主茎上。开花顺序是由中上部开始，逐渐向上向下开放，从内向外循序开花。当主茎顶端出现一个大花簇后，茎的生长终结，单株分枝数、叶片数、花序数不再增加。此类大豆适于在肥沃土壤密植，争取主茎、分枝顶端荚多、荚大是获得高产的关键。

（三）叶

大豆的叶分子叶、单叶及复叶3种。

大豆子叶有黄色和绿色两种，叶片中富含贮藏态养分。子叶未出土和刚出土时为黄色，出土平展后变成绿色，即开始进行光合作用，是大豆3叶期前的主要营养来源。生产上应选择粒大、饱满的种子播种。大豆出苗后，首先长出2片对生单叶，以后陆续长出复叶。大豆复叶由托叶、叶柄和小叶三部分构成。托叶1对，窄小，位于叶柄与茎相连处两侧，具有保护腋芽的作用。叶柄较长，其中植株中部复叶的叶柄最长，基部和顶部复叶的叶柄较短。小叶一般3片，叶形可分为椭圆形、卵圆形、披针形、心脏形等。大豆叶的主要功能是光合作用、呼吸作用和蒸腾作用，同时具有一定的吸收功能。大豆主茎上叶的光合产物输送到根、茎顶端和分枝、花序上，分枝上叶的光合产物一般情况不向主茎输送，而是主要输送给分枝。大豆单株叶面积在幼苗期增长慢，盛花期至结荚期增长最快，以后逐渐减少，至成熟期叶片完全脱落。生产上大豆中期争取合理叶面积、后期防止叶片早衰是获得高产的重要途径。

（四）大豆花和花序

1. 花芽分化

大豆花芽分化在开花前30天左右，即第一片复叶展开，第二、三片复叶初露时开始。无限结荚习性品种早于亚有限结荚习性品种4~5天，早于有限结荚习性品种5~6天。花芽分化经历花蕾原始体形成期、花萼分化期、花瓣分化期、雄蕊分化期、雌蕊分化期、柱头花药胚珠形成期6个时期。从花萼原始体出现到始花期约25天。由此可见，盛花期前1个月是争取大豆有效花的关键时期。此期，生产上应及时供应养分、水分，防治病虫害，协调大豆营养生长与生殖生长的关系，促进花芽的分化，适当争取有效花数。

2. 花的构造

大豆的花为蝶形花，每朵花由2枚苞片、5枚花萼、5枚花瓣、10枚雄蕊和1枚雌蕊构成。苞片、花萼具有保护花内部结构的作用。花冠分为白色、紫色两种，由 5 枚花瓣（即 1 枚旗瓣、2 枚翼瓣和 2 枚龙骨瓣）构成。雄蕊 9 枚连合，1 枚分离，顶端着生花药，花药内产生花粉。雌蕊由柱头、花柱和子房构成，子房 1 室，内含胚珠 1~4 枚。

3. 开花

大豆一般上午 6 时开始开花，8~10 时开花最盛，下午开花较少。有风天开花早，阴雨天开花迟。有限开花结荚习性大豆品种从开花到终花约 20 天，无限开花习性大豆品种从开花到终花 30~40 天或更长。大豆是自花授粉作物，开花前已完成授粉。

4. 大豆花序

大豆的花序由腋芽或顶芽发育而成，着生在叶腋间或主茎、分枝的顶端，为总状花序。大豆花朵通常簇生在花序轴上，称为花簇。花序按花轴的长短可分为短花序（花序轴长小于 3cm）、中花序（花序轴长 3~10cm）、长花序（花序轴长 10cm 以上）三种。花序上着生的花朵数量多少与花序轴长短有关，一般每个花序有花 15 朵左右，少者 7~8 朵，多者 30 朵及以上。并非所有的花都能结荚，发育不良或产生晚的花多为无效花。大豆花荚脱落率一般在 30%~40%，多者可达 70% 以上。所以，盲目追求花序和花朵数是不可取的。生产上争取有效花数，提高结荚率，才是获得高产的有效途径。

(五) 豆荚

1. 豆荚的形态

大豆豆荚是由受精的子房发育而来，成熟的豆荚一般长 3~7cm，宽 0.5~1.5cm。荚皮有草黄、灰褐、褐、深褐、黑等颜色。豆荚形状分为直形、镰刀弯形和中间形，部分品种荚皮被生茸毛。大豆每荚含 2~3 粒种子，少数含 4~5 粒。幼荚脆嫩，可食用。老熟时荚皮变硬，有些品种有炸荚的特性，生产上应适时收获，减少籽粒损失。

2. 豆荚的发育过程

大豆受精后，子房缓慢膨大，形成小而软的绿色豆荚。从第 5 天起，豆荚生长加快，先纵向伸长，后加宽、加厚。经过 10 天左右，豆荚长度达到最大值。豆荚的宽度和厚度达到最大值的时间稍微晚些。当荚长达 1cm 时，称为结荚。由此可见，大豆盛花后 15 天内，土壤水分、养分及温度等外界条件会严重影响豆荚的数量和大小。肥水不合理或病虫害严重时，往往造成豆荚瘦小，甚至出现大量脱落的现象。

三、大豆幼苗分枝期生育特点

大豆从出苗至开花所经历的时间称为幼苗分枝期，是以营养生长为主的时期。幼苗期大豆生长中心以地下部器官为主，主根生长快，侧根数量增加，但长度较短，根瘤开始形成。地上部器官茎叶生长慢，分枝、花芽开始分化，主茎自下而上分化产生分枝和花序，同时早期花序上花芽分化，形成有效花。植株生长量小，抗逆性差，需肥水少，但对土壤养分、水分反应敏感。分枝期大豆生长中心向地上部过渡，根、茎、叶生长旺盛，分枝数增加，花芽分化快，侧根大量发生。此期大豆植株生长总量较大，需肥水较多，是争取大豆苗数、分枝数和花序数的关键时期。

四、大豆幼苗分枝期管理目标

保全苗，培育壮苗，促进分枝和花芽分化。

 任务实施 大豆幼苗分枝期管理措施

一、间苗定苗

在气温稳定、病虫害较轻的正常情况下，为确保苗全，出苗后应及时检查出苗情况。春大豆在齐苗后及时间苗，第一复叶出现后定苗。夏大豆一般在第一复叶出现时将间苗、定苗一次完成。在气温变化大、病害较多的情况下，齐苗后先疏苗，间苗、定苗可适当稍晚进行。间苗、定苗要严格选留壮苗、大苗，拔除病苗、弱苗、虫苗、杂草。如遇缺苗可在邻近处留双苗备用。

二、移苗补栽

一般缺苗情况的地块，可就地移苗补栽。移栽时填土要严实，如土壤湿度小，还需浇水，以确保成活率。为了使移苗补栽的幼苗能迅速生长，在移栽成活后应适当追施苗肥，促进苗齐、苗壮。缺苗严重的情况则要及时浸种补种。

三、中耕培土

中耕具有除草以及调节土壤水、肥、气、热的作用，同时可以促进大豆根系活动，并且有利于根瘤的形成，从而保证大豆健壮生长。幼苗分枝期一般中耕2～3次。幼苗期子叶平展后进行第一次中耕，中耕深度植株间3cm左右，行间10～12cm。3叶期第二次中耕，中耕深度植株间5cm左右，行间8～10cm。封垄前结合培土进行第三次中耕，中耕深度植株间3cm左右，行间6～7cm。培土高度以刚超过子叶节为宜，以增强大豆抗倒伏能力。培土要注意下不伤根，上不伤苗（分枝）。

四、看苗追肥

大豆幼苗分枝期需肥较少，肥沃地一般不需追肥，但干旱瘠薄地春大豆和未施基肥、种肥的夏大豆或套作大豆，常表现出缺肥症状，应及时追肥，从而促进大豆根系的生长、根瘤的形成和早期花芽的分化。施肥宜早施、轻施，以速效性氮肥为主。在早熟大豆区，早施肥是关键措施。一般追施硝酸铵 $75\sim110kg/hm^2$，贫瘠地早施、多施，一般肥力正常田块可适当少施、晚施。凡未施用磷肥基肥的大豆田，生长期应适当增施磷肥。

五、灌溉排水

幼苗期大豆生长中心在地下部，地上部生长慢，对水分需求量少。此期生产上应蹲苗促根，不浇水。但当土壤水分低于田间最大持水量的55%～60%时，应小水轻浇，浇后及时中耕保墒、提温。分枝期大豆地上部生长加快，花芽分化，需水较多，土壤水分以保持田间最大持水量的60%～70%为宜。如果天气干旱，也应小水灌溉，以促植株健壮、分枝多、增花增荚。

六、防治病虫害

大豆苗期病虫害主要有立枯病、根腐病和地下害虫（蛴螬、金针虫、根蛆、地老虎）、食叶类甲虫（叶甲、象甲）及蚜虫等，其综合防控技术措施如下。

1. 农业防治

选择利用抗、耐病虫大豆品种；合理轮作，前茬翻耕土地；合理施肥，避免施用未腐熟的粪肥、堆肥等；雨后及时排除田间积水、降低土壤湿度。

2. 物理防治

利用成虫的趋光性，应用黑光灯、杀虫灯等诱杀蛴螬、地老虎成虫，可有效降低虫源基数。

3. 生物防治

可利用白僵菌粉剂 1kg/亩，拌细砂土均匀撒施大豆种子上，然后立即覆土。或用绿僵菌颗粒剂 3kg/亩直接随种子一起进行播种。

4. 化学防治

（1）种子处理 目前，种子包衣处理是防控大豆苗期病虫害最简便有效的技术措施，在有效防治立枯病、蛴螬等大豆根部病虫害的同时，还可兼治苗期食叶甲虫和蚜虫等地上害虫。一般在播种前 3～5 天使用种衣剂处理种子，需使用在大豆上登记的种衣剂，并严格按照种衣剂使用说明进行拌种，将种子搅拌均匀，摊开晾干后播种。推荐种衣剂有：①20％多•福•克悬浮种衣剂（多菌灵 5％、福美双 7％、克百威 8％），按照药剂和种子比例 1∶33 进行种子包衣处理，风干后即可播种。②先用 62.5％ "精歌" 悬浮种衣剂（精甲霜灵 37.5g/L，咯菌腈 25g/L），按照药剂和种子比例 1∶250 拌种后，晾 3～5min，再用 48％噻虫嗪悬浮种衣剂按药剂和种子比例 1∶250 进行二次包衣处理，风干后即可播种。

（2）土壤处理 用 48％地蛆灵乳油 200mL/亩，拌细土 10kg，撒在种植沟内，然后立即覆土。

（3）毒饵防治幼虫 6 月下旬和 7 月下旬，用炒熟的谷子或芝麻加 50％辛硫磷 500 倍液混合均匀，下午撒入田间，随即浅耕，可有效防治蛴螬、地老虎。

（4）田间药剂喷雾 ①食叶甲虫（二条叶甲、斑鞘豆叶甲、蒙古灰象甲）大量转入田间时，可选用 0.5％苦参碱 0.8g/亩、10％吡虫啉 8.5g/亩、1.14％甲氨基阿维菌素苯甲酸盐 26.5g/亩进行田间喷雾。②在地老虎幼虫 1～3 龄期，采用 48％毒死蜱乳油 2000 倍液、2.5％溴氰菊酯乳油 1500 倍液等地表喷雾。③当田间点或片有蚜虫发生，并有 5％～10％植株卷叶，或有蚜植株率达 50％，百株蚜虫量 1500 头以上时应立即施药防治。可选用吡虫啉、伏杀硫磷、抗蚜威和螺虫乙酯等内吸性杀虫剂按使用说明喷雾防治。

技能训练　大豆看苗诊断技术

一、实训目的

通过实训活动，使学生学会看苗诊断技术，能够区分壮苗、弱苗和徒长苗，为采取相应技术措施提供依据。

二、材料用具

不同田块的大豆、米尺、铅笔、记录纸等。

三、内容方法

将学生分组,每组 3～5 人,在大豆田间每组取 20～30 株自然生长的大豆植株,来诊断苗情,区分壮苗、弱苗和徒长苗。

苗情诊断表

部位	长相		
	壮苗	弱苗	徒长苗
根系	发育良好,主茎粗壮,侧根发达,根瘤多	根系比较发达,侧根和根瘤较少	根系不发达,侧根和根瘤较少
幼茎	粗壮,不徒长	比较纤弱	细长
节间	适中,叶间距低于3cm	过短	过长
子叶、单叶	肥大厚实	小而薄	大而薄
叶色	浓绿	黄绿	淡绿

四、作业

根据幼苗长相,诊断幼苗类型,若是徒长苗或弱苗,请分析原因并提出适当管理措施,写出实训报告。

五、考核

根据学生实训的熟练程度和分析总结的情况进行考核。

任务二 大豆中期田间管理

 任务目标

知识目标: ① 了解大豆开花结荚期叶面积的变化情况、花芽分化的原理等生育特点。
② 掌握大豆开花结荚期施肥、浇水和病虫害防治等田间管理技术。
技能目标: ① 能指导大豆田间除草的时间、方式、方法和施肥的方式、方法等技术。
② 会指导植物生长调节剂的施用时间和使用方法等技术,会指导病虫害防治时药剂的选用和使用方法等措施。
素养目标: ① 培养学生能吃苦、爱劳动、懂技术、会管理的能力。
② 提高学生施肥时节约用肥、浇水时节约用水的理念。

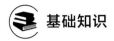 **基础知识**

一、大豆开花结荚期生育特点

大豆从开花至结荚所经历的时间称为开花结荚期。大豆开花后,植株生长加快,进入营养生长和生殖生长的并进阶段,茎叶生长加快;至盛花期前,以茎、分枝等营养器官生长为主,盛花期渐达高峰;盛花期以后生长速度逐渐减慢,生长中心转向生殖器官,以开花结荚为主。开花结荚期是大豆生长发育最旺盛的时期,是需要养料和水分最多的时期,同时需要充足的光照。此时期大豆营养生长和生殖生长矛盾突出,竞争激烈,容易出现徒长和花荚脱落的现象。此期是减少花荚脱落、争取大豆荚果数和生物产量的关键时期。在前期苗全、苗壮、分枝多的基础上,开花结荚期应加强肥水管理,并使田间通风透光良好,以达到花多、荚多、粒多和减少花荚脱落的目的。

二、大豆开花结荚期管理目标

在培育壮苗、促进花芽分化的基础上,协调营养生长和生殖生长的关系,以减少花荚脱落为中心,增花保荚。

 任务实施 大豆开花结荚期管理措施

一、除草

大豆开花结荚期正值夏季,温度高、雨水足,大豆田间常常伴随着生长苘麻、马齿苋、反枝苋等恶性杂草,与大豆竞争水分、养分、空间,严重影响了大豆的生长发育。因大豆封垄后,不宜中耕,也不便喷洒除草剂。当大豆田间有杂草滋生时,应及时人工拔除。

二、摘心叶

对于无限结荚习性大豆或肥水过多、茎叶生长旺盛、有倒伏危险的地块,可摘去主茎的顶心,控制营养器官徒长,以促花增荚。一般在盛花期或终花期前,摘去大豆主茎顶端 2cm 左右。注意有限结荚习性大豆和生长弱的大豆,不能摘心,否则会降低产量。

三、追肥

大豆开花结荚期追肥的时间和数量,要根据苗情、土壤肥力和总追肥量来决定。土壤肥沃、基肥充足、生长旺盛的地块,不施或少施速效性氮肥。土壤瘠薄、基肥不足、长势较弱的地块,要适当早施、偏施氮肥。施肥可采用土壤追施和根外喷施两种方式。土壤追施一般可用硝酸铵 $75\sim112kg/hm^2$,根外喷施可在开花期用 5%～10%氮、磷、钾复合肥液或在结荚初期每公顷用尿素 15kg 加磷酸二氢钾 1.5kg,兑水 750kg 喷雾。开花期喷洒 0.04%～0.05%的钼酸铵溶液,增产效果明显。

注意大豆开花结荚期,不仅需要大量元素,还需要微量元素,尤其是对硼和钼等微量元素比较敏感,一旦不足,就会影响开花授粉,出现花而不实现象。通过喷施叶面肥可以快速补充大豆生长发育所需的多种营养元素，提高开花授粉率。可在大豆开花结荚期，每亩用30%氨基酸微量元素水溶肥50mL，兑水30kg均匀喷雾。为提高劳动效率，可以将防治病虫害、控旺和补充叶面营养同时进行。在大豆开花结荚期，每亩用30%氯虫·噻虫嗪悬浮剂40mL加30%甲哌鎓悬浮剂30mL加30%微量元素水溶肥50mL，兑水20~30kg均匀喷雾，根据植株生长状态，每15天喷一次，连喷2~3次，即可达到杀虫、治病、控旺、增产等多种目的。

四、灌水

大豆花荚期是大豆"一生"中需水最多的时期，合理灌水是防止大豆花荚脱落，争取高产、稳产的关键措施。此期大豆植株体内含水量在70%~75%，要求土壤含水量达到田间最大持水量的75%~80%。生产上可根据天气、土壤、苗情灵活掌握灌水时期和灌水量，促进大豆花荚的发育。夏季雨水充沛，还应注意田间排水防涝。

五、喷施植物生长调节剂

合理施用植物生长调节剂，对大豆增花保荚、矮化壮秆和促进早熟具有明显作用，增产效果也比较显著。

1. 2,3,5-三碘苯甲酸

2,3,5-三碘苯甲酸是一种生长抑制剂，能抑制大豆营养生长，促进花芽分化，增加荚数和粒重。一般以初花期浓度100mg/kg和盛花期浓度200mg/kg喷洒效果较好。

2. 增产灵

增产灵是一种生长刺激剂，能防止大豆花荚脱落，增加每株粒数。宜在大豆盛花期喷施，浓度为20~30mg/kg。

3. 矮壮素

矮壮素是一种生长抑制剂，主要抑制细胞伸长，能阻止大豆徒长，防止倒伏。在开花期和结荚期施用矮壮素，增产效果明显，适宜浓度为0.12%~0.25%。

4. 多效唑

多效唑是一种生长抑制剂，能控制大豆株高，缩短节间长度，增加茎粗，防止倒伏，可增加单株分枝数和荚数、每荚粒数，提高结实率和粒重，促进顶部豆荚的形成，一般增产幅度为12%以上。正常情况是在始花后7天左右喷施，若长势好可适当提早，宜在始花前施用。每公顷用15%多效唑可湿性粉剂0.75~1.5kg，加水50kg稀释后均匀喷施其叶片的正反面。喷施无限结荚习性品种浓度可高些，有限结荚习性品种浓度宜低些。

5. 亚硫酸氢钠

亚硫酸氢钠是一种光呼吸抑制剂，在大豆上施用可减少光呼吸对养分的消耗，并能改善株型，促进大豆根系的生长和增加根瘤菌数，保花保荚效果好，可增产10%以上。在初花期和盛花期分别喷用1次，每次每公顷用亚硫酸氢钠0.15kg，加水75kg稀释后，选择在下午阳光不太强烈时喷洒叶片。

6. 喷施控旺剂

大豆开花期是一年中温度最高、降雨量最大的时期，在高温高湿的环境条件下，水肥条件好、种植密度大的地块很容易发生旺长。大豆一旦旺长，就容易造成落花落荚，结荚率大大降低。喷施控旺剂，是预防大豆旺长最有效的措施。对于有旺长趋势的地块，可用 30％甲哌鎓·芸苔素内酯水剂 30mL，兑水 30kg 均匀喷雾，每 10 天喷一次，连喷 2～3 次，即可有效防止大豆发生旺长，还可提高结荚率，促进籽粒发育，提高大豆的产量和品质。

六、防治病虫害

大豆开花结荚期温度高、降雨频繁、田间湿度大，是病虫害的高发期，容易发生大豆蚜虫、大豆食心虫、点蜂缘蝽、豆荚螟、豆天蛾、造桥虫、大豆孢囊线虫病、红蜘蛛、根腐病、霜霉病、轮纹病、紫斑病和斑疹病等病虫害，应注意做好防治工作。其中发生最普遍、危害最严重的虫害为点蜂缘蝽、大豆豆荚螟、豆天蛾等，点蜂缘蝽主要以成虫和若虫危害大豆的嫩茎、嫩叶、花、荚等器官，茎叶危害后，造成茎叶卷曲，植株生长发育不良；花蕾危害后，致使花蕾脱落；籽粒危害后，造成有荚无粒或形成瘪粒。以上均导致大豆产量降低，品质下降，严重时可造成植株枯死，颗粒无收。豆螟、豆甲是大豆开花结荚期常见的虫害。豆螟主要危害花朵和花荚，造成荚果变形、发育不良、籽粒不圆等症状；豆甲则啃食豆荚和籽粒，严重时会导致籽粒健康度降低，甚至腐烂，损失增大。

大豆霜霉病主要危害大豆的叶片。发病初期，在叶片正面出现褪绿的小斑点，病斑逐渐扩大为近圆形或不规则的病斑，病斑深褐色。湿度较大时，病斑上密生灰白色的霉层。发病严重时一片叶上有几个至几十个大小不等的病斑，使叶片枯黄脱落，植株早衰。在大豆开花结荚期，每亩用 30％氯虫·噻虫嗪悬浮剂 30～50mL 加 30％肟菌·戊唑醇悬浮剂 40mL，兑水 30kg 均匀喷雾，对大豆上常发生的病虫害均有很好的防治效果，还能调节大豆生长，促进籽粒发育，使籽粒更加饱满。

技能训练　大豆开花顺序和结荚习性的观察

一、实训目的

识别不同结荚习性的大豆植株特征，了解其开花顺序和结荚习性。

二、材料用具

不同结荚习性的大豆植株、标本、放大镜、铅笔、记录纸等。

三、内容方法

将班级学生分成小组，每组 3～5 人，取不同结荚习性的大豆植株进行观察。

四、作业

完成下面表格。

不同结荚习性大豆植株的区别

类型	株高/cm	株型	节间	花序	开花顺序	顶端花序	开花期	地力状况
无限结荚习性								
有限结荚习性								
亚有限结荚习性								

五、考核

根据学生观察与识别大豆开花顺序和结荚习性的熟练程度、准确度，实训报告的质量，学生实训表现等确定考核成绩。

任务三　大豆后期田间管理

任务目标

知识目标：① 了解大豆鼓粒成熟期生育特点。
② 掌握大豆鼓粒成熟期田间管理技术。
技能目标：① 会指导灌排水及施肥技术。
② 能指导病虫害防治措施。
素养目标：① 培养学生掌握施肥技术、浇水排涝技术，病虫害防治技术。
② 提高学生大豆生产后期的管理能力，树立安全生产、安全管理的理念。

基础知识

一、大豆鼓粒成熟期生育特点

大豆从结荚至成熟所经历的时间称为鼓粒成熟期，属于生殖生长阶段，该时期，根、茎、叶等营养器官的生长渐趋停止，且出现衰退现象，生殖生长旺盛进行，主要进行大豆荚果、种子的形成和发育以及籽粒的膨大、成熟过程。鼓粒成熟阶段是大豆种子形成和产量形成的重要时期，此期大豆生育是否正常将决定荚数的多少、每荚粒数的多少、粒重的高低和种子化学成分的含量，是争取增加大豆粒数、粒重，减少秕粒的关键时期。此时干旱或者多雨洪涝等灾害的发生均能造成秕粒、死荚、粒重下降而严重影响产量。鼓粒成熟期大豆植株生长量较小，需肥水较少。

二、大豆鼓粒成熟期管理目标

防止大豆营养器官过早、过快衰退，延长叶和根系的功能期，促粒多、粒大、粒饱，促早熟。

任务实施　大豆鼓粒成熟期管理措施

一、促早熟

大豆鼓粒期是籽粒物质积累的关键时期，对磷钾肥需要量较多，此时期宜采用喷施磷酸二氢钾等叶面肥、补充硼等微量元素的方法来缓解大豆养分供需矛盾，每亩用磷酸二氢钾300g兑水15kg进行喷施，对抗低温、促早熟、防虫、防早霜等有显著作用，能促进籽粒饱满，防止大豆贪青，提高大豆抗倒伏能力，可促进大豆提早成熟3天左右。

二、灌排水

大豆鼓粒前期要求土壤水分为田间最大持水量的70%左右。当土壤含水量低于田间最大持水量的65%时即应灌水。但水量宜少，以免土壤水分过多，造成贪青晚熟，增加秕粒。鼓粒后期如遇秋雨较多，要及时清沟排渍，降低田间湿度，减少褐斑粒，促进黄荚早熟。

三、抗渍涝

1. 加强监测预报

各级农业部门要加强与气象、水利部门会商，及时监测预报涝灾发生的时间、范围和程度，对可能发生渍涝灾害的地块提前做出抗涝排涝预案。

2. 做好预防

对于低洼易涝地块，应做好开沟、清淤、疏通沟渠河道等排水措施，减轻湿渍对根系的伤害，预防大豆倒伏。

3. 补施肥料

受涝地块排水后，会造成土壤养分流失，易出现脱肥现象。要及时喷施磷酸二氢钾等叶面肥，有条件的地块也可增施硼、钼、锌等微量元素，需连续喷施2~3次，延长叶片功能期，以促进产量形成。

四、拔大草

在大豆鼓粒期，对于田间大草比较多的地块，草籽形成前需拔一遍大草，不仅有利于大豆株间通风、透光，增加荚数和粒重，促熟增产，而且对于大豆的收获、晾晒、脱粒均有益处，还可以减少后季作物田间杂草，避免机械收获造成"草花脸"，影响大豆商品品质。

五、防倒伏

应根据倒伏的时期和倒伏的程度不同，因地因情施策。轻度倒伏的可以人工适当扶起，两行对扶，并培土施肥，促使新根迅速下扎，可施用钾肥增强大豆植株抗倒伏能力，尽量降低产量损失。严重倒伏达4级的，建议不要再人工扶起，以免植株折断，造成更大的产量损失。

六、防早霜

大豆成熟前,密切关注天气变化趋势,如预报有早霜发生,当气温降到作物受害的临界温度 1~2℃ 时,采取人工熏烟的方法防早霜。即在地块的上风口,放置秸秆、树叶、杂草等点燃,慢慢熏烧,使大豆笼罩在烟雾中,提高近地面温度 1~2℃,改变局部环境,降低霜冻危害。熏烟堆要密,分布要均匀,尽量使烟雾控制整个田面,尤其适用于低洼地块和个别播期拖后的地块。

七、根外施肥

对于生长差或早衰的脱肥田,此期根外施肥可以促进大豆晚花成荚,中荚结粒,早荚鼓粒,有利于早熟高产。大豆鼓粒后,可以喷施 2% 尿素、0.3% 磷酸二氢钾、0.05% 钼酸铵、0.3% 硼砂、0.15% 硫酸锰、0.6% 硫酸锌液,每公顷喷施肥水 450kg。以上几种化肥可单独施用,也可根据实际需要混合施用。

八、防治病虫害

大豆鼓粒成熟期主要病害有花叶病、炭疽病。害虫主要有大豆食心虫、蚜虫、棉铃虫、豆荚螟等,主要以食心虫为主,应做好监测,对田间成虫调查达到防治指标的田块及时采用 2.5% 高效氯氟氰菊酯防治。可使用无人机航化作业,将杀虫剂与叶面肥混合施用,实现"一喷多防,一喷多效"的效果。

1. 大豆后期病害防治措施

(1) **大豆花叶病** 大豆花叶病是大豆中后期常见病害之一,症状表现为叶片出现黑褐色圆斑并逐渐扩大,在潮湿环境下可形成粉状白霉。病害发生严重会导致大豆减产严重。防治方案:采用规范耕作,保持土壤透气性,控制有害昆虫并及时采取化学或生物药剂进行防治。

(2) **大豆炭疽病** 大豆炭疽病是由真菌引起的一种病害,症状表现为黑色小斑点逐渐扩大并呈现六边形。叶片感染后变黄,根部和茎部出现炭疽圆形斑点。防治方案:除草、松土、控制有害昆虫、铲除轮作部位等措施都可以在一定程度上预防和控制该病害。

2. 大豆后期虫害防治措施

(1) **大豆食心虫** 大豆食心虫是一种对大豆作物危害极大的害虫,它严重影响了大豆的产量和品质。为了防治大豆食心虫需要采取多种措施,包括天敌防治、物理防治、农业防治、生态防治和药剂防治等。不同的防治方法有各自的优缺点,需要根据具体情况选择合适的防治方法。此外,防治大豆食心虫还需要注重环保和可持续性,需减少农药的使用次数,保障作物的健康生长和生态环境的平衡。

(2) **蚜虫** 蚜虫是大豆中后期常见虫害之一,头部较小,身体长形。在大豆上,蚜虫主要吸取叶片和芽的汁液,还可以利用叶片提供的蜜露滋养自己。严重感染会导致大豆生长受阻。防治方案:选择适量化肥,加强土壤管理,提高大豆的生长能力,同时用生物农药对蚜虫进行防治。

(3) **棉铃虫** 棉铃虫是大豆中后期的另一种虫害,其会在大豆茎、叶上形成小斑点。

大量感染棉铃虫会导致大豆失水、停止生长。防治方案：清理病斑，增加土壤肥力，注意灌水管理，及时使用农药喷洒。

技能训练　大豆考种

一、实训目的

掌握大豆室内考种技术，了解大豆的经济性状，预测产量。

二、材料用具

成熟的大豆植株、天平、卡尺、米尺、笔、记录本等。

三、内容方法

在确定好的样点内拔取 10 株样本，放于通风处晾干，按下列项目进行考种。

(1) **株高**　从子叶节到主茎顶端生长点的长度。测量 10 株后计算平均株高。

(2) **结荚高度**　子叶节至最低结荚的高度。

(3) **分枝数**　指主茎有效分枝数，即分枝上有 2 个或 2 个以上的节结荚。

(4) **茎粗**　自子叶痕到真叶中间扁的一面的距离，以厘米（cm）表示。

(5) **主茎节数**　从植株底部子叶痕开始到最后一节为止的节数。

(6) **单株荚数**　单株大豆生长有粒的成荚数。

(7) **单株粒数**　单株全部粒数。

(8) **百粒重**　100 粒完熟种子的质量，重复称量 3 次，求其平均值。

(9) **完全粒率**　完熟、饱满、未遭病虫害的完整粒数，占未经精选种子总数量的比例。

(10) **虫食率**　虫食粒占总粒数的比例。

(11) **产量**　风干种子的质量。根据前面测得的单位面积株数，计算出单产。

四、作业

将考种结果填入下表。

大豆考种结果记录

品种	株高 /cm	结荚高度 /cm	分枝数	茎粗 /cm	主茎节数	单株荚数	单株粒数	百粒重 /g	完全粒率 /%	虫食率 /%	每亩单产 /kg	备注

五、考核

根据学生考种熟练程度、测得产量与实际产量的误差、实训态度、实训报告等确定考核成绩。

知识拓展 大豆纤维和聚酯纤维的区别

大豆纤维和聚酯纤维在材质来源、性能特点、健康与舒适性、耐用性与价格、环保性等方面存在显著差异。以下是对这两种纤维的详细比较。

1. 材质来源

大豆纤维：由从豆粕中提取的天然植物纤维制成，具有天然环保的属性。
聚酯纤维：由人工合成的涤纶纤维制成，是石油化工产品。

2. 性能特点

大豆纤维：具有良好的吸湿性和透气性，保暖性能出色，抗菌防螨，含有对人体有益的氨基酸，有助于提高睡眠质量。
聚酯纤维：具有出色的耐用性、弹性恢复能力以及易洗快干的特点，耐皱性、尺寸稳定性和电绝缘性能良好，能抵抗日光摩擦和弱酸弱碱的侵蚀。

3. 健康与舒适性

大豆纤维：因其良好的吸湿性和透气性，能够有效调节大豆纤维做成被子后内部的湿度，保持睡眠时的舒适度，且含有多种对人体有益的氨基酸，能够滋养肌肤，抑制皮肤瘙痒，提高睡眠质量。
聚酯纤维：虽然具有良好的保暖性和透气性，但吸湿性较差，可能导致聚酯纤维做成的被子内部湿度过高，影响睡眠舒适度。

4. 耐用性与价格

大豆纤维：由于大豆纤维的强度相对较低，长期使用可能导致变形或破损，且由于原料和生产过程的限制，价格通常比聚酯纤维更昂贵。
聚酯纤维：具有较高的强度和弹性恢复能力，因此更加耐用，不易变形或破损，价格相对较低，适合预算有限的消费者。

5. 环保性

大豆纤维：作为一种可再生资源，生产过程中的环境影响较小，且原料可回收利用，更加环保。
聚酯纤维：作为不可再生资源，生产和废弃处理过程可能对环境造成影响。

 项目测试

一、名词解释

1. 大豆生长习性
2. 大豆生育时期

二、填空题

1. 大豆的生长习性主要指大豆的（　　）和结荚习性。

2. 大豆叶有子叶、单叶和（　　　）之分。
3. 大豆的复叶由托叶、叶柄和（　　　）组成。
4. 大豆每朵花有雄蕊（　　　）枚。
5. 大豆的花荚脱落包括落蕾、落花和（　　　）。
6. 大豆的结荚习性可分为有限结荚习性、无限结荚习性和（　　　）三种。

三、选择题

1. 大豆花荚脱落的根本原因是（　　　）。
   A. 缺氮肥　　　　B. 缺磷肥　　　　C. 生长发育失调　　D. 药害
2. 大豆产量构成因素中首要的最活跃的因素是（　　　）。
   A. 单位面积株数　B. 每株荚数　　　C. 每荚粒数　　　　D. 粒重
3. 大豆的花很小，无香味，属于（　　　）作物。
   A. 自花授粉　　　B. 异花授粉　　　C. 常异花授粉　　　D. 其他
4. 下列作物中不适宜作为大豆前茬作物的是（　　　）。
   A. 马铃薯　　　　B. 玉米　　　　　C. 向日葵　　　　　D. 高粱
5. 高油专用大豆品种指含油（　　　）以上的品种。
   A. 18%　　　　　B. 22%　　　　　C. 26%　　　　　　D. 30%

四、简答题

1. 简述大豆根瘤固氮的特点。
2. 试述大豆秕粒发生的原因。
3. 简述影响大豆籽粒蛋白质和油分积累的因素。

项目评价

项目评价	评价内容	分值	自我评价（10%）	教师评价（60%）	学生互评（30%）	得分
学习能力	知识掌握	18				
	学习态度	10				
	作业完成	12				
技术能力	专业技能	8				
	协作能力	6				
	动手能力	6				
	实验报告	8				
素质能力	职业素养	6				
	协作意识	6				
	创新意识	6				
	心理素质	6				
	学习纪律	8				
总分		100				

项目八

马铃薯田间管理

 学前导读

> 马铃薯为多年生草本块茎类植物，又名洋芋、土豆、山药蛋等，是世界上重要的非谷类粮食作物之一，栽培面积仅次于水稻、小麦、玉米，居第四位。在欧洲各国，人们食用马铃薯与面包并重，因而又称马铃薯为第二面包作物。在我国，马铃薯是营养丰富、经济价值高，且是宜粮、宜菜、宜饲、宜做工业原料的粮食作物。马铃薯主食化是国际粮食发展的大趋势，马铃薯也成为继水稻、小麦、玉米之后的第四大主粮作物。

任务一　马铃薯发芽出苗期田间管理

 任务目标

知识目标：① 了解并理解马铃薯发芽出苗期的生育特点。
② 熟练掌握马铃薯发芽出苗期田间管理的要点和重点。
技能目标：① 会指导防涝保墒和中耕除草技术。
② 能指导马铃薯出苗期病虫害防治措施。
素养目标：① 培养学生仔细认真的做事风格以及积极肯干的优秀品格。
② 提高学生马铃薯苗期查苗、补苗、间苗、定苗的管理技术水平。

 基础知识

一、马铃薯的生育阶段

马铃薯的"一生"包括出苗、现蕾、开花、种子成熟等生育时期。在生产上通常从营养器官生长发育着眼,将马铃薯"一生"大致分为发芽出苗期、幼苗期、块茎形成期、块茎增长期、块茎成熟期 5 个生育时期。

1. 发芽出苗期

从块茎播种经幼芽萌发至幼芽出土并展开 1～2 片幼叶为发芽出苗期。该阶段的长短取决于温度高低,亦受种薯质量、栽培措施的影响。春播一般历时 25～30 天,夏播或秋播需经历 10～30 天。

2. 幼苗期

从出苗至孕蕾阶段为幼苗期。当主茎长出 7～13 片叶、顶端孕蕾、侧枝开始发生时匍匐茎顶端开始膨大,标志着幼苗阶段结束。这个阶段一般历时 15～25 天。

3. 块茎形成期

从主茎顶端孕蕾到花梗抽出并开始开花阶段为块茎形成期,也称为棵期。一般历时 20～30 天。

4. 块茎增长期

从开花至茎叶衰老阶段为块茎增长期。此阶段与盛花期基本吻合,是以块茎体积、重量增长为中心的时期。

5. 块茎成熟期

从茎叶衰老至茎叶枯萎阶段为块茎成熟期。当茎叶生长趋于缓慢或停止时,下部叶片开始衰老变黄,开花结实接近结束,即进入块茎成熟阶段。该阶段块茎体积基本不再增大,但淀粉继续积累,重量仍在增加。

二、马铃薯生产与环境条件的密切关系

1. 与温度的关系

马铃薯喜温凉、忌高温、怕冷冻。通过休眠期的块茎,在温度和氧气适宜的条件下,5～7℃时幼芽开始萌发伸长,但速度缓慢。10～12℃时,幼芽生长快而壮;最适发芽温度为 18℃;高于 36℃时,幼芽不易萌发,且会烂种。茎叶生长的适宜温度为 21℃,0℃时植株会受冷冻而死亡;高于 25℃时茎叶生长缓慢;7℃以下或 29℃以上时茎叶生长停止。块茎对温度的反应比茎叶更敏感,块茎的形成与增长最适温度为 16～18℃,低于 0℃时,块茎生长停止,温度降到 −1℃ 时即受冻害;超过 25℃时,块茎膨大几乎停止;温度 30℃以上时,植株呼吸作用加强,糖类消耗多于积累,易形成小薯或畸形薯。

2. 与光照的关系

马铃薯是喜光作物,其光合作用强度随光照强度的增强而增大。在长日照条件下,茎叶、匍匐茎、花及果实生长迅速,抑制块茎膨大;短日照条件则有利于块茎的形成。一般每天日照 12～13h,可使茎叶发达,光合作用强,块茎形成较早,淀粉含量多,马铃薯产量高。马铃薯匍匐茎有避光性,直射光可抑制块茎形成,使块茎表皮变绿,龙葵素含量显著增加,品质变劣。一般早熟品种对光照反应不敏感,在较长日照条件下也能

结薯；晚熟品种则必须在短日照条件下才能形成块茎。

3. 与水分的关系

马铃薯既是需水较多的农作物，又是较耐旱的作物，其蒸腾系数为400~600，即每形成1kg干物质需消耗水分400~600kg。因品种类型、栽培措施、环境条件的不同，其需水量也有较大差异。如年降水量在300~500mm且能较均匀地分布在生长季节时，即可满足马铃薯对水分的需求。

马铃薯发芽出苗期需水较少，在幼苗阶段其生长量小，气温较低，阶段耗水量占全生育期耗水总量的10%~15%。在块茎形成期，地上部茎叶进入旺盛生长阶段，气温逐渐升高，马铃薯需水增多，反应敏感，这一阶段的耗水量占全生育期耗水总量的20%以上。块茎增长阶段是马铃薯一生耗水最多的时期，耗水量占一生总量的50%以上。块茎成熟阶段需水较少，其耗水量占全生育期耗水总量的10%左右。后期水分不宜过多，否则容易烂薯，影响马铃薯产量和品质。

4. 与施肥的关系

马铃薯是耐肥高产农作物，对肥料需求量大，反应敏感。综合各地试验结果，在中高产范围内，每生产1000kg块茎，要从土壤中吸收氮5~6kg、五氧化二磷1~3kg、氧化钾12~13kg。三要素的需求量以钾（K）最多，氮（N）次之，磷（P）最少。氮、磷、钾比例约为5:2:10。此外，钙（Ca）、硼（B）、铜（Cu）、镁（Mg）元素也必不可少，尤其是钙元素，其需求量相当于钾的1/4，数量较多。

马铃薯发芽出苗期及幼苗期需求养分较少，占全生育期需求总量的25%左右；块茎形成期及块茎增长期，茎叶及块茎生长量大，需求养分较多，这期间的需求量占全生育期需求总量的50%以上；块茎成熟阶段需求量减少，约占全生育期需求总量的25%。

5. 与土壤的关系

马铃薯对土壤要求虽不严格，但以耕层深厚、结构疏松、排水通气良好和富含有机质的土壤最为适宜。特别是孔隙度大、通气良好的土壤，能满足根系发育和块茎增长对氧气的需要。用砂壤土栽培马铃薯，出苗快、块茎形成早、薯块整齐、薯皮光滑、淀粉含量和产量均高。

马铃薯对土壤酸碱度的要求适应范围为pH 5~8，以pH 5.5~6最为适宜。其抗盐碱能力很弱，当土壤含盐量达到0.01%时，植株开始表现敏感，在碱性土壤上栽培易感疮痂病。

三、马铃薯发芽出苗期生育特点

马铃薯从种薯播种后芽眼开始萌芽，至幼苗出土20~30天，长者可达数月之久，这段时间称为发芽出苗期，也称芽条生长期。发芽出苗期以根系形成和芽条生长为中心，是马铃薯发苗扎根、结薯和壮株的基础。在产量构成中，此期是决定马铃薯株数的关键时期。

四、马铃薯发芽出苗期管理目标

发芽出苗期的管理目标是把种薯中的养分、水分及内源激素调动起来，促进植株早发芽、多发根、快出苗、出壮苗。

任务实施　马铃薯发芽出苗期管理措施

一、加强播后管理

影响根系形成和芽条生长的关键在于种薯本身,即种薯休眠解除程度、种薯生理年龄大小、种薯中营养成分含量以及种薯是否携带病毒;外界因素主要是土壤温度和墒情。该时期的田间管理任务和主要措施如下。

(1) **提温保墒**　春播出苗前应以提温保墒为主,并保持土表湿润,一般不浇水。如土壤干旱,应适当浇水。

(2) **防涝保墒**　秋播出苗前应以防涝保墒为主,播后浇水降温,保持土壤湿润。

(3) **中耕除草**　马铃薯从播种至幼苗出土约 30 天。这期间气温逐渐上升,春风大,土壤水分蒸发快并容易板结,田间杂草大量滋生,应针对具体情况采取相应的管理措施。

(4) **耱地闷锄**　由于播种时覆土厚,土温升高较慢,在幼苗尚未出土时,应进行苗前耱地,以减薄覆土,提高地温,减少水分蒸发,促使出苗迅速整齐,并兼有除草作用。在西北、内蒙古西部等地有"闷锄"习惯,作用与耱地相同。耱地和闷锄均应掌握适时和适宜深度,切勿碰断芽尖。出苗前,若土壤异常干旱,有条件的地区应进行苗前灌水。

二、病虫害防治

苗期防治重点是晚疫病、地下害虫等。云南、贵州、四川等降雨量大的地区是马铃薯晚疫病高发区,如出苗后气温达到 18℃以上,同时遇有连阴雨天气,可及时喷施苦参碱、代森锰锌、氟啶胺或氰霜唑等保护性药剂 1~2 次进行保护预防;如出现中心病株,可喷施丁香酚、烯酰吗啉或氟菌·霜霉威等内吸性治疗剂 1~2 次消灭中心病株。对于地下害虫,可利用灯光诱杀,每 20~30 亩布设 1 台杀虫灯,夜间定时开灯诱杀,尽量避免误杀天敌;也可利用性信息素诱杀成虫,每亩设置 2~3 个性诱捕器,设置高度超过马铃薯植株顶端 20cm 左右。成虫出土前用辛硫磷拌土地面撒施,或出土后用溴氰菊酯等药剂喷雾防治。

技能训练　马铃薯发芽出苗期查苗、间苗和定苗技术

一、实训目的

马铃薯发芽出苗期是马铃薯生长的重要阶段,这一时期的科学管理对马铃薯的产量和品质有着至关重要的影响。

二、材料用具

手套、小桶、小铲子。

三、内容方法

将学生分组,每 2~3 人一组,进行马铃薯的间苗、定苗工作,在马铃薯幼苗出土整齐后,应及时进行查苗、间苗和定苗。间苗时,应去除弱苗,保留强壮苗,每穴将多于

2株的弱苗拔除。定苗时每穴留 1~2 株强壮苗即可。如果发现有缺苗的地块，应及时补种，保证苗全，确保较高产量。

1. 时间

最好在马铃薯整齐出苗后进行。

2. 方法

马铃薯整齐出苗后，用手（戴手套）将每穴多于 2 株的瘦弱苗在近地面处掐断，装进小桶里带出田间即可。

3. 注意事项

① 间苗要在整齐出苗后进行。
② 间苗时动作要轻、稳、准，注意保护好其他植株，以免造成损失。

四、作业

完成实训报告。

五、考核

根据学生在实训中的表现、间苗时的认真态度、间苗的熟练程度、间苗的质量和完成的数量等，确定考核成绩。

马铃薯幼苗期田间管理

 任务目标

知识目标： ① 了解马铃薯幼苗分枝期的概念及其生育特点。
② 掌握马铃薯幼苗分枝期田间管理目标。
技能目标： ① 会指导追肥时间的确定、肥料种类的选择及施肥方法等技术措施。
② 能指导病虫害的判断、病虫害药剂选择及防治方法等技术。
素养目标： ① 培养学生团结协作的精神，创造学生之间互相学习互相帮助的氛围。
② 提高学生管理技术实施时安全意识，引导学生客观理性分析问题、解决问题。

基础知识

一、马铃薯幼苗期生育特点

马铃薯从幼苗出土至现蕾所经历的时间为幼苗期，一般经历 15~20 天。

幼苗期是决定匍匐茎数量和根系发达程度的关键时期，是为单株结薯数打基础的时期。

二、马铃薯幼苗期管理目标

促根、壮苗，保证根系、茎叶和块茎的分化与协调生长。

 任务实施　马铃薯幼苗期管理措施

一、查苗、补苗、定苗

保证全苗是增产的基础。当幼苗基本出齐后，应及时进行查苗、补苗。检查缺苗时，应找出缺苗原因，采取相应对策进行补苗，保证补苗成活。如薯块已经腐烂，应把烂块连同周围的土壤全部挖除，以免感染新补栽的苗。补苗的方法是在缺苗附近的垄上找出一穴多茎的植株，将其中1个茎苗带土挖出移栽，补苗宜在傍晚和阴天进行，栽后及时浇水。齐苗后应及时定苗，每棵马铃薯保留最壮的1～2株，剪除多余弱苗、小苗，以利结大薯。

二、中耕培土

中耕培土可使结薯层土壤疏松通气，利于根系生长、匍匐茎伸长。苗期一般进行两次培土，齐苗后及早进行第一次中耕，深度为8～10cm，并结合除草，操作时把苗全部埋住，可增加匍匐茎，增粗地下茎，防止地上植株生长过旺。10～15天后，苗高15～20cm时进行第二次中耕，此次宜稍浅，为块茎膨大提供良好的条件，并能减少烂薯和青头。现蕾开花初期，进行第三次中耕，宜较第二次更浅。后两次中耕结合培土进行，第一次培土宜浅，第二次培土稍厚些，并培成"宽肩垄"，总厚度不超过15cm，以增厚结薯层，避免薯块外露而降低品质。目前，东北及内蒙古东部等垄作地区多采用65cm行距的中耕培土器进行中耕培土。

三、追肥

马铃薯生育期间对氮和钾的吸收规律基本相似。幼苗期植株小，需肥较少，吸收速率较慢，此期氮、钾的吸收较少；块茎形成期至块茎增长期，由于茎叶的旺盛生长、块茎的形成及快速膨大，养分需要量急剧增多，该时期是马铃薯一生中氮、钾吸收速率最快、吸收数量最多的时期；块茎增长后期至块茎成熟期，吸收养分速度减慢，吸收数量也逐渐减少。

马铃薯对磷素的吸收：幼苗期吸收利用较少；块茎形成期吸收强度迅速增加，直到块茎成熟期一直保持着较高的吸收强度。

马铃薯对钙、镁、硫的吸收：幼苗期吸收极少，吸收速率也缓慢；块茎形成期吸收量陡增，直到块茎增长后期又缓慢降下来。钙、镁、硫在各个生育时期主要用于根、茎、叶的生长，块茎分配比例较少，尤其是对钙的吸收。

马铃薯具有苗期短、生长发育快的特点，对于出苗整齐度差、幼苗生长较弱的田块，可在齐苗期前用清粪水加少量氮肥进行追肥，增产效果良好。早追肥可弥补早期气温低、有机肥分解慢、不能满足幼苗迅速生长的缺陷。

四、灌溉排水

马铃薯苗期耗水不多,若遇干旱时,则需浅灌水,遇雨应及时排水。

五、防治病害和地下害虫

在现蕾期,当株高30~40cm且有徒长迹象时,采用烯效唑或马铃薯专用植物生长调节剂均匀喷雾可控制徒长。加强田间监测,当发现田间出现病株时,要连根及种薯块全部挖出,带出田外深埋(要求深度1m以上),病穴撒石灰消毒,对病株周围50m范围内喷施甲霜灵、代森锰锌或氟菌·霜霉威等药剂进行封锁控制,每隔7天喷1次,连续喷3次,阻止病害扩展。中心病株出现后加强定点监测和大田普查。现蕾至初花期,在连阴雨天来临之前喷施1~2次保护性杀菌剂,如喷施代森锰锌、丙森锌、双炔酰菌胺等进行预防;田间出现病害后,重发区应立即选用治疗性杀菌剂,如用甲霜灵、烯酰·锰锌、氟菌·霜霉威等药剂喷雾防治2~4次,常发和偶发区根据监测预报选用上述药剂防治1~3次或用申嗪霉素、枯草芽孢杆菌等生物制剂防治。喷药力求均匀周到,若喷药后6h遇雨,应及时进行补喷。注重轮换用药,适当利用有机硅助剂提高药效。

马铃薯地下害虫主要有土壤线虫、白蚁、地老虎、蛴螬、蝼蛄等,它们会严重影响马铃薯发芽、生长及其产量。蛴螬危害最大,其会咬食马铃薯根系和地下茎部,草丛中的蛴螬还会成虫化,进一步危害马铃薯田。具体防治方法如下。

1. 物理防治

(1)**堆积草棚** 在马铃薯田周围的草地堆积草棚,使用草堆熏烧法,将蛴螬、白蚁等害虫诱导到草堆中,用火烧掉草堆能有效消灭这些害虫。

(2)**覆盖地膜** 种植马铃薯前,可以先将整个地表覆盖专门的黑色地膜,这种地膜可以有效隔绝害虫,预防害虫侵入。

2. 生物防治

利用天敌田螺科动物可以有效控制蛴螬,会主动寻找这种害虫将其消灭。

3. 化学防治

(1)**使用农药** 使用特效杀虫剂喷洒在马铃薯田中,可有效杀死马铃薯地下害虫。但是要注意用药的浓度和时机,防止使用浓度过大导致土壤污染。

(2)**使用有机磷农药** 可以有效地防治土壤线虫,但是要注意用药的安全性及时期。

4. 预防措施

(1)**选择优良品种** 选择能够抵抗害虫侵害的抗性品种,可以有效降低马铃薯发生害虫的概率。

(2)**种植轮作** 在马铃薯地里轮流种植胡萝卜和花椰菜等蔬菜,可有效消灭害虫并减少其危害。

(3)**及时清除杂草** 杂草会成为害虫的藏身之处,温湿度等土壤环境的变化会影响害虫的活动,及时清除会减少发生虫害的可能。

综上所述，地下害虫是马铃薯栽培中重要的害虫之一，必须采取多种防治措施进行综合防治，同时也需要加强土地管理，增加土壤肥力，提高马铃薯的免疫力，从而有效预防和治理马铃薯地下害虫问题。

技能训练　马铃薯块茎和植株形态观察

一、实训目的

了解和识别马铃薯各器官形态特征。

二、材料用具

马铃薯全株植株、解剖刀、放大镜、螺旋测微器或游标卡尺、米尺、铅笔、记录纸。

三、内容方法

取马铃薯全株植株（包括地下部分），依次识别下列各项。

(1) **地上茎**　茎的形态、分枝情况、表皮有无茸毛。
(2) **叶**　顶生小叶、侧生小叶、叶耳、托叶的形状；表皮茸毛有无等。
(3) **地下主茎**　粗度、长度、颜色，其上着生匍匐茎的数量。
(4) **匍匐茎**　匍匐茎伸出的方向、长度、粗度、层数。
(5) **块茎**　块茎的着生部位、形状（圆、扁圆、长圆、椭圆等）、质量（一般重 50g 以下为小薯，50~75g 为中薯，75g 以上为大薯）、颜色，芽眉、芽眼的位置及其在块茎上的分布特点，皮孔的多少，顶部与脐部的位置。
(6) **花**　花序类型，萼片的数目、颜色，花瓣的数目、颜色，雄蕊、雌蕊的组成。
(7) **果实**　果实的形状、大小。
(8) **种子**　种子的形状、大小。

四、作业

完成下列表格。

马铃薯植株形态观察

项目	茎的特征				叶的特征	花的特征	果实种子特征	
	长度/cm	粗度/cm	颜色	层数			形状	大小
地上茎				—			—	—
叶	—						—	—
地下茎							—	—
匍匐茎							—	—
块茎					—			
花	—	—	—	—			—	—
果实	—	—	—	—				
种子								

五、考核

实训完成后,根据学生在实训中的表现以及对马铃薯形态的描述情况确定考核成绩。

任务三 马铃薯块茎形成期田间管理

任务目标

知识目标:① 了解马铃薯块茎形成期的概念及生育特点。
② 掌握马铃薯块茎形成期田间管理目标。

技能目标:① 会指导中耕培土的时间及操作技术。
② 能指导施肥时间和肥料种类的选择及追肥方法等技术。能指导病虫害防治时药剂的选择及使用方法等技术措施。

素养目标:① 培养学生能吃苦、爱劳动、懂技术、会管理的能力。
② 提高学生实践中理论知识的运用能力,提高学生沟通和团结协作能力。

基础知识

一、马铃薯块茎形成期生育特点

从现蕾至第一花序开花为块茎形成期。该时期经历主茎封顶叶展开,全株匍匐茎顶端均开始膨大,直到最大块茎直径达3~4cm,一般历时30天左右,是决定单株结薯数的关键时期。

块茎形成期的生长特点是由以地上部茎叶生长为中心转向地上部茎叶生长与地下部块茎形成并进阶段。

二、马铃薯块茎形成期管理目标

以水肥促进茎叶生长,迅速建成同化体系,同时进行中耕培土,促进生长中心由茎叶迅速转向块茎。

任务实施 马铃薯块茎形成期管理措施

一、中耕培土

在现蕾后期植株将封垄之前,进行第四次中耕培土,一般应在降水后或灌水后及时进行。第四次中耕深度较第三次浅,并要求疏通畦沟,使结薯层不积水,避免涝害。同时增厚结薯土层,避免薯块外露,提高薯块品质。

秋薯从播种至开花这段时间常因温度高、土层干燥，影响植株生长和块茎膨大。可在行间覆盖稻草等物，以保持土壤湿润、降低土壤温度，有利于结薯。

二、追肥

现蕾时，若植株长势不良，可结合培土追施一次结薯肥，结薯肥以氮、钾肥为主，用量视其长势而定；植株长势过旺，则应控制徒长。目前，生产中多数在现蕾期追施尿素，每公顷用量150kg。

三、摘蕾

马铃薯现蕾并形成花序抽出后，应将花序及时去掉，可减少营养消耗，利于块茎膨大和产量提高。

 技能训练　马铃薯前期中耕培土

一、实训目的

中耕培土可以加深土壤的耕作层，改善土壤的结构；使地表土壤疏松、除去杂草、提高地温、促使肥料分解吸收；增加土壤的透气性和保水性，减少水分蒸发，保持土壤湿润，起到蓄水保墒作用；增强马铃薯根系以及匍匐茎的生长发育，从而提高马铃薯的产量和品质。

二、材料用具

手套、锄头、镐头。

三、内容方法

将学生分组，每3人一组，进行马铃薯的中耕培土。中耕培土时应该根据土壤的质地和湿度、马铃薯的根系生长情况以及种植的目的来确定中耕培土的时间、频率、力度和对象。只有正确有效地进行中耕培土，才能取得良好的种植效果。

1. 时间

最好在马铃薯生长期进行，一般在马铃薯开花前或马铃薯根部开始生长时进行。

2. 方法

马铃薯苗出齐后，苗高达10cm时，结合锄草松土，进行一次中耕浅培土，培土高度5cm左右；马铃薯现蕾期进行高培土，培土要宽且厚，培土高度在15cm左右，同时应注意保护好植株下部叶片。

3. 注意事项

（1）**中耕培土的频率**　应根据土壤的质地和湿度来决定。一般来说，土壤质地较黏重，则应勤于中耕培土；土壤质地较松散，则应少中耕培土。

（2）**中耕培土的力度**　应根据土壤的质地和湿度来决定。如果土壤过于干燥，则应轻轻地中耕培土；如果土壤过于湿润，则应适当加深中耕的深度。

（3）中耕培土的对象　主要是马铃薯的根系。在马铃薯生长期间，应该根据其根系生长情况来调整中耕培土的次数和力度，宜早不宜晚。

四、作业

完成实训报告。

五、考核

根据学生在实训中的表现、中耕培土的熟练程度等，确定考核成绩。

任务四　马铃薯块茎增长期田间管理

 任务目标

知识目标：① 了解马铃薯块茎增长期的概念及生育特点。
② 掌握马铃薯块茎增长期田间管理目标。
技能目标：① 会指导马铃薯块茎增长期排灌水的时间及方式方法。
② 能指导马铃薯块茎增长期晚疫病和蚜虫的药剂选择和防治。
素养目标：① 培养学生以农为本，能吃苦、爱劳动的精神。
② 培养学生尊重事实、尊重科学的精神。

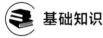 基础知识

一、马铃薯块茎增长期生育特点

马铃薯从盛花至茎叶开始衰老为块茎增长期，历时 20～30 天，此期是决定块茎体积大小且为单薯重打基础的关键时期。块茎增长期的生长特点是地上部茎叶生长已达最大值，茎叶生长逐渐缓慢并停止，地上部制造的养分不断向块茎输送，生长中心变为块茎体积和重量的增长。由于茎叶和块茎的旺盛生长，此期也是马铃薯一生中需水需肥最多的时期。

二、马铃薯块茎增长期管理目标

维持叶面积最大较长时间，保证光合产物的生产和积累，促进块茎快速膨大生长，促进块茎重量的增加。

任务实施　马铃薯块茎增长期管理措施

一、及时灌排水

块茎增长期侧枝茎叶继续生长，叶面积达到最大值，块茎进入迅速膨大阶段。在适宜的条件下，每穴块茎每天可增重 15~50g，此期是一生中茎叶和块茎生长速度最快时期，也是决定块茎体积大小和经济产量的关键时期。如土层干燥，应及时灌溉；遇雨要及时排水，尤其垄作地区，灌水时注意不要使水漫过垄面以免土壤板结。如果垄条过长，可分段灌水，既能防止垄沟冲刷，又能使灌水均匀。平作栽培要小水漫灌（大水漫灌既浪费水又会造成淹苗烂薯）灌水后当土壤微干时要及时锄地松土。

二、病虫害防治

此期植株生长已达到顶峰，茎叶繁茂，田间较郁闭，容易发生晚疫病、环腐病、黑胫病和青枯病，应及时做好防治工作。

块茎形成期防治重点是晚疫病、疮痂病、蚜虫、二十八星瓢虫等。该期晚疫病防治可喷施保护性杀菌剂 2~3 次。根据田间监测预警情况，适时选用代森锰锌、氟啶胺、氰霜唑等保护性杀菌剂进行全田喷雾。施药间隔根据降雨量和所用药剂的持效期决定，一般间隔 5~10 天。喷药后 4h 内遇雨应及时补喷。疮痂病严重的地块可用枯草芽孢杆菌等生物菌剂滴灌 1~2 次。如有黑胫病、青枯病等病害发生，可选用噻唑锌或噻霉酮等药剂滴灌或灌根 2~3 次。二十八星瓢虫防治应在卵孵化盛期至三龄幼虫分散前选用高效氯氟氰菊酯等进行叶面喷雾 1~2 次，施药间隔期 7~10 天。蚜虫防治可在采取铲除田间、地边杂草，切断中间寄主和栖息场所等农业措施的基础上，优先选用苦参碱、除虫菊素等生物药剂防治，也可采用吡虫啉、噻虫嗪等化学药剂喷雾防治。

 技能训练　马铃薯打顶摘蕾

一、实训目的

掌握马铃薯打顶摘蕾的技术要领，熟悉操作程序。仔细认真完成摘蕾去顶过程。

二、材料用具

手套、天平、塑料桶等。

三、内容方法

将学生分成 2~3 人一组，每组完成一定数量的马铃薯打顶摘蕾任务。

在马铃薯花蕾刚刚出现时，即可进行摘除花蕾，因为开花后会消耗大量养分、水分，从而影响马铃薯块茎的营养积累，打顶摘蕾可以避免养分消耗，促进马铃薯块茎的发育成熟从而达到适当增加马铃薯产量的目的。

1. 方法

用手捏住花序的基部,向上提捏即可摘掉花蕾打掉顶部。

2. 注意事项

避免摘枝,摘掉枝条会影响植株光合作用和营养物质的合成及运输。从而影响产量。同时,打顶摘蕾后要做好养护管理,避免病虫害的侵袭,及时喷施农药,做好浇水施肥管理。

四、作业

完成实训报告。

五、考核

根据学生实训的表现、打顶摘蕾熟练程度、摘蕾的重量等,确定考核成绩。

任务五 马铃薯块茎成熟期田间管理

任务目标

知识目标: ① 了解马铃薯块茎成熟期的生育特点。
② 熟练掌握马铃薯块茎成熟期的田间管理技术。
技能目标: ① 会指导马铃薯块茎成熟期追肥技术措施。
② 能指导马铃薯块茎成熟期病虫害防治措施。
素养目标: ① 培养学生将专业知识应用到实践中的能力,增强学生组织和实践操作能力。
② 提高学生实事求是的科学素养,利用现代信息提升学生对生物农业的认知。

基础知识

一、马铃薯块茎成熟期生育特点

从茎叶开始衰老至植株基部 2/3 左右茎叶枯黄时为块茎成熟期,经历 20~30 天。块茎成熟期块茎体积不再增大,但重量仍继续增加,主要是由于淀粉在块茎内的积累,此期是决定单薯重的关键时期。

块茎成熟期以淀粉积累为中心,其次蛋白质、灰分元素也在增加,糖分和纤维素则逐渐减少。

二、马铃薯块茎成熟期管理目标

马铃薯块茎成熟期田间管理目标主要是延长根、茎、叶的寿命,使根、茎、叶器官保持较强的生命力和同化功能,增加同化产物向块茎的转移和积累,使块茎充分成熟,有利于提高单位面积产量。

任务实施　马铃薯块茎成熟期管理措施

一、合理促控

块茎重量的增加主要取决于光合产物在块茎中的积累及流向块茎的数量,一切影响光合产物积累及其运转分配的因素,都会影响块茎增大与增重。因此必须根据田间生长情况采取合理的促控措施。在实际生产中,若后期表现脱肥早衰现象,可用磷、钾肥或结合微量元素进行叶面喷施,可以延长绿色部分的功能期,防止早衰,并促进淀粉的形成,提高产量。如土壤氮肥过多,造成植株地上部分贪青晚熟,或者因土壤干湿交替,使生育后期地上部重新恢复生长,都会造成营养物质在块茎中的分配数量减少,甚至使已经分配在块茎中的营养物质又重新转回到茎叶,从而影响块茎的增重。对发生植株徒长的田块,要及时喷施浓度为 1500mg/L 的矮壮素或摘心打顶,防止养分消耗,以利于块茎增重。

二、灌溉排水

此期土壤应保持湿润状态,如遇干旱要及时浇水,遇雨要及时排水。收获前几天停止浇水,促使薯皮老化,以利贮藏和运输。

三、病虫害防治技术

块茎膨大期防治重点是晚疫病、早疫病、二十八星瓢虫、马铃薯块茎蛾、豆芫菁等病虫害,此期也是全年早疫病、晚疫病防控的重中之重。早疫病防治可选用苯甲·丙环唑、嘧菌酯、啶酰菌胺、烯酰·吡唑酯、苯甲·嘧菌酯、噁酮·氟噻唑等药剂。施药间隔根据降雨量和所用药剂持效期决定,一般间隔 5~10 天,喷药后 4h 内遇雨应及时补喷。早疫病严重且植株长势较弱的地块,可增施 2 次磷酸二氢钾等叶面肥。疮痂病严重的地块,可滴灌 1 次枯草芽孢杆菌等生物菌剂。晚疫病防治可依据田间监测预警系统或田间病圃监测结果确定喷施最佳时间,选择内吸治疗剂和保护剂同时使用,防治药剂可选用烯酰吗啉、氟噻唑吡乙酮、丁香酚、噁酮·霜脲氰、氟菌·霜霉威、霜脲·嘧菌酯、嘧菌酯、唑醚·氰霜唑、烯酰·锰锌等。黑胫病、环腐病和青枯病严重的地块,可选用噻唑锌或噻霉酮等药剂滴灌或喷淋 2~3 次。马铃薯块茎蛾防治前期选用食诱、性诱、灯光诱杀等物理诱控技术,在控制成虫数量的基础上,重点加强卵孵化盛期至二龄幼虫分散前的药剂防治,可选氨基甲酸酯类或拟除虫菊酯(或与其他生物农药混合使用)进行叶面喷雾。

四、收获至贮藏期病虫防控技术

收获前 7 天左右杀秧。杀秧后至收获前喷施一次杀菌剂,如烯酰吗啉、氢氧化铜或噁酮·霜脲氰等,杀死土壤表面及残秧上的病菌防止侵染受伤薯块。杀秧后如不能及时收获,种薯田还应加喷 1 次吡虫啉防治蚜虫,避免种薯感染病毒。收获后马铃薯在库外放置1~2天,促进愈伤组织形成。入库时剔除病薯、虫薯和有伤薯,对于块茎蛾重发区,薯块用高效氯氟氰菊酯等喷雾,晾干后入库贮藏。库内保持干燥和低温(24℃)环境条件,以抑制病菌的生长和传播。

 技能训练 马铃薯后期蚜虫防治

一、实训目的

掌握马铃薯后期蚜虫防治方法和措施。

二、材料用具

10%吡虫啉可湿性粉剂、喷药壶、手套、500mL烧杯。

三、内容方法

将班级学生分组,每组3~5人。马铃薯蚜虫防治应以预防为主,结合园艺措施、生态调控、理化诱控、生物防治等措施,并适时科学施用高效低毒低残留农药防治。马铃薯后期如果发现蚜虫,本次实训可选用10%吡虫啉可湿性粉剂1000倍液进行化学药剂喷雾防治。

1. 方法

有蚜株率达到30%~40%,益蚜比小于1:150时,开展全田防治。选用10%吡虫啉可湿性粉剂1000倍液,即10%吡虫啉可湿性粉剂10g兑水10kg进行喷雾。

2. 注意事项

(1) **农业措施防治** 及时清除田间地头杂草,并带出田外集中处理,可消灭部分蚜虫;悬挂黄板,每亩30张左右,诱杀有翅蚜,可降低虫口密度;利用灌溉,及时清理越冬场所。

(2) **生物防治** 利用蚜虫天敌是有效的生物防治手段,如甲虫和黄蜂以蚜虫为食,也可利用蚜霉菌防治蚜虫。

(3) **药剂防治** 一是穴施内吸颗粒杀虫剂,用70%灭蚜硫磷可湿性粉剂,在播种时穴施于种薯周围,每亩用90g,控蚜残效期可达60天;二是用吡虫啉、噻虫嗪或啶虫脒、抗蚜威等进行喷雾防治。

四、考核

根据学生实训表现、对蚜虫防治的熟练程度、药剂喷雾数量等,确定考核成绩。

 知识拓展 马铃薯的类型

马铃薯按用途可分为食用型、食品加工型、淀粉加工型、种用型四种类型。

一、食用型

食用型马铃薯的块茎,要求薯形整齐、表皮光滑、芽眼少而浅,块茎大小适中、无变绿现象。块茎食用品质的高低通常用食用价来表示。食用价=(蛋白质含量/淀粉含量)×100,食用价高,营养价值也高。

二、食品加工型

目前我国马铃薯食品加工产品有炸薯条、炸薯片、脱水制品等。要求其表皮薄而光滑,芽眼少而浅,皮色为乳黄色或黄棕色,薯形整齐。炸薯片要求块茎圆球形,直径40~60mm为宜。炸薯条要求薯形长而厚,薯块大而宽肩(两头平),直径在50mm以上或200g以上。

三、淀粉加工型

马铃薯淀粉含量的高低是淀粉加工时首要考虑的品质指标。因为淀粉含量每相差1%,生产同样多的淀粉,其原料就相差6%。作为淀粉加工用品种,其淀粉含量应在16%以上。块茎大小以50~100g为宜,小块茎(50g以下者)和大块茎(100g以上者)淀粉含量均较低。为了提高淀粉的白度,应选用皮肉色浅的品种。

四、种用型

种用型马铃薯对种薯的要求,一是健康,种薯不能含有块茎传播的各种病毒病害和细菌、真菌病害,纯度要高。二是小型化,块茎重以25~50g为宜,小块茎既可以保持块茎无病和较强的生活力,又可以实行整播,还可以减轻运输压力和减少费用,节省用种量,降低生产成本。

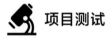 项目测试

一、名词解释

1. 马铃薯生理成熟期
2. 马铃薯退化

二、填空题

1. 马铃薯食用的部分为肥大的( )。
2. 马铃薯是( )科作物。
3. 马铃薯为自花授粉作物,花序为( )花序。
4. 马铃薯最初发生的几片叶均为( ),以后逐渐生长出奇数羽状复叶。
5. 马铃薯发芽或变绿的部分产生的毒素是( )。

三、选择题

1. ( )在我国栽培马铃薯面积最大。
A. 辽宁省 B. 山东省 C. 黑龙江省 D. 陕西省

2. 马铃薯对肥料三要素的需求量，以（　　）最多。

A. 氮　　　　　B. 磷　　　　　C. 钾　　　　　D. 钙

3. 在马铃薯块茎萌芽时，（　　）最先萌发。

A. 侧芽　　　　B. 幼芽　　　　C. 顶芽　　　　D. 腋芽

4. 鲜食马铃薯贮藏期间最适宜的温度为2～4℃，最高不得超过（　　）℃。

A. 3　　　　　B. 7　　　　　C. 12　　　　　D. 18

5. （　　）是决定块茎体积大小的关键时期。

A. 苗期　　　　B. 发芽出苗期　　C. 块茎形成期　　D. 块茎增长期

四、简答题

1. 简述马铃薯精选种薯的技术要点。
2. 简述马铃薯种薯萌发出苗需要的条件。
3. 简述防止马铃薯退化的措施。

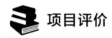 项目评价

项目评价	评价内容	分值	自我评价（10%）	教师评价（60%）	学生互评（30%）	得分
学习能力	知识掌握	18				
	学习态度	10				
	作业完成	12				
技术能力	专业技能	8				
	协作能力	6				
	动手能力	6				
	实验报告	8				
素质能力	职业素养	6				
	协作意识	6				
	创新意识	6				
	心理素质	6				
	学习纪律	8				
总分		100				

项目九

主要农作物产品收获及处理

 学前导读

> 稻田里,一片黄澄澄的稻谷随着秋风翻起金波,绿油油的菜地里,肥嫩的菜叶上闪耀着晶莹的露珠。三天后,即将迎来一场大雨,农民们驾驶着大型联合收割机在金色的麦浪间穿梭作业,想赶在大雨之前将自家的小麦抢收完毕。伴随着收割机隆隆的轰鸣声,一片片金灿灿的"麦海"瞬间变为粒粒"金珠"装满车厢,随后经烘干、晾晒,做到颗粒归仓。
>
> 为了确保耕种的作物能够丰产,我们要把握好收获时间,同时做到安全贮藏。本项目我们学习的主要内容就是主要农作物产品的收获及处理。

任务一 小麦收获及处理

 任务目标

知识目标: ① 了解小麦适时收获的好处。
② 掌握小麦的贮藏特性与适宜收获的特征。
技能目标: ① 会采用合理的方式收获小麦。
② 能安全贮藏小麦。
素养目标: 培养学生珍惜粮食的意识。

 基础知识

一、小麦成熟的判定

小麦的蜡熟中期到完熟初期都是小麦的适宜收获期,应根据不同的收获方式选择不同的时期进行收获。因人工收获效率低、收割期长，因此选择蜡熟中期至末期收割，此时麦子全部转黄，但茎秆还具备一定的弹性。用联合收割机应在完熟期收获，采用机械收获速度快、效率高，此时的麦子叶片已全部发黄。小麦蜡熟中期到完熟期形态特征如下。

1. 蜡熟中期

植株整体变黄，下半部叶片干枯，穗下节间颜色基本全部变为黄色或微绿，籽粒也为黄色，用指甲掐有掐痕，此时籽粒含水量大约为35%。

2. 蜡熟后期

植株整体枯黄，籽粒更加坚硬厚实，用指甲可以掐断，此时籽粒含水量为23%~25%，干重最高。

3. 完熟期

植株基本死亡，变脆，易断头和落粒，籽粒缩小，变得更硬，此时籽粒含水量大约为20%。

二、适时收获的好处

农谚说"九成熟十成收，十成熟丢一成"，生动形象地说明了小麦适期收获的重要性。收获过早，籽粒灌浆不充分，营养物质积累不充足，粒重未达到最大值；收获过晚，呼吸作用消耗大，籽粒干重会下降，掉穗和脱粒会造成损失。

农谚"麦熟一晌，龙口夺粮"生动地说明了麦收工作的重要性和紧迫性。因此，在麦收前要充分做好准备工作；在小麦的适宜收获期尽快地完成收获工作，以防止小麦穗茎折断、脱粒、发芽和霉变现象的发生。在使用机械进行收获时要提前检查机械，减少收获环节的损失，避免不必要的浪费。

三、小麦的贮藏特性

1. 吸湿性强

由于小麦种皮较薄，组织结构疏松，吸湿能力较强。

2. 后熟期长

小麦后熟期较长，因品种不同，后熟期从两周至两个月不等。小麦在完成后熟作用之后，其储藏稳定性还会有所提高。

3. 具有耐储性

完成后熟的小麦，其呼吸作用要低于其他谷类粮食。正常的小麦，水分在标准以内（12.5%），常温下一般储存3~5年或低温（15℃）储藏5~8年，其食用品质无明显变化。因此小麦最大的优点是具有较好的耐储性。

4. 易受虫害

小麦抗虫性差、染虫率较高，几乎能被所有的储粮害虫侵染，其中以玉米象、麦蛾等危害最严重,入库后气温高,若遇阴雨,更容易受到虫害。

5. 较耐高温

小麦具有较强的耐热性。水分17%时的小麦,在温度不超过46℃时进行干燥;或水分在13%以下时,暴晒温度不超过54℃,则酶活性不会降低,发芽力仍然得到保持。磨成的小麦粉工艺品质不但不降低,反而有所改善。

任务实施　收获技术与贮藏技术

一、收获技术

收获小麦尽量选在晴天,有利于小麦的晾晒工作。小麦人工收获,要经过割倒、打捆、运输、晒场、脱粒等工序;采用联合收割机可以在田间一次完成收割、脱粒和清选工序,同时要根据不同的地形选择适合的收割机。实现小麦收获作业的机械化能够减轻劳动强度,提高劳动生产率,降低收获时的损失,对丰产丰收有着非常重要的意义。

二、贮藏技术

小麦贮藏时,由于呼吸作用放出大量湿热,使麦堆上层粮温增高,水分加大,易引起结顶和霉菌的大量繁殖,籽粒内部也会发生生理变化。小麦抗虫性差,易生虫。因此贮藏期间要注意防湿、防热、防虫、防鼠,可以从下面3个方面做起。

1. 控制水分

小麦脱粒后经过晒干扬净后,将籽粒含水量控制在12.5%以下,同时空气湿度控制在65%~75%之间。

2. 控制温度

高温密闭贮藏时,小麦要热入库、散堆、整仓封闭,粮温在45℃左右,密闭8天左右;粮温在40℃左右,密闭2周左右。低温冷冻贮藏,将麦温控制在0℃左右,然后趁冷密闭。

3. 严格管理

小麦入仓贮藏前要清除仓库内杂物和害虫,同时彻底消毒,将温度和湿度控制在适宜的范围内,并注意通风。仓库内如果有霉菌,可以用熏蒸法进行处理。

技能训练　小麦成熟度鉴定

一、实训目的

认识小麦在不同成熟期的形态特征,培养学生珍惜粮食的意识。

二、材料用具

处在不同成熟时期的小麦标本、卷尺、天平、瓷盘、计算器等。

三、内容方法

观察小麦不同成熟期的形态特征，其适宜收获期一般分为3个时期，分别是蜡熟中期、蜡熟后期和完熟期。可以根据麦株各部位的颜色、籽粒的颜色和籽粒的含水量等综合指示来确定小麦的成熟程度。

四、作业

将观察结果填入表格。

成熟麦株观察　　　　　　　　年　月　日

编号	叶片情况	茎秆情况	籽粒情况	对应的成熟期

五、考核

现场考核，根据测量结果与现场操作的熟练程度、准确度和实训表现等确定考核成绩。

任务二　水稻收获及处理

 任务目标

知识目标：① 了解水稻适时收获的好处。
② 掌握水稻的贮藏特性与适宜收获的特征。
技能目标：① 会适时收获水稻。
② 能安全贮藏水稻。
素养目标：培养学生的粮食安全意识。

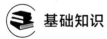 **基础知识**

一、水稻成熟的判定

从外观上看，当水稻穗轴上部干枯下部变黄、谷粒全部变硬且呈透明状时标志着水稻已成熟，也就是人们所说的麦穗变黄弯曲，稻粒饱满。

二、适时收获的好处

水稻适时收获对提高产量、确保稻米质量起着非常重要的作用。稻谷的千粒重、粒的大小、含水量、成熟度等都会直接影响出米率，千粒重低、含水量高、硬度低的劣质稻谷在加工过程中容易形成碎米,影响经济价值。

三、水稻的贮藏特性

1. 不耐高温

稻谷在强烈阳光下暴晒容易出现"爆腰"现象,高温还会促进稻谷脂肪酸增加,造成稻谷品质下降、经济价值降低。

2. 易霉变生芽

新收获的稻谷生理活性强,在1～2周内粮堆上层会堆积湿热,湿热如不能及时散发,便会出现发热的现象,导致温度突然上升。当粮温升高至35～40℃,水分超过15%～15.5%时,白曲霉和黄曲霉菌迅速生长,促使稻谷变色并发生霉味;当温度升高到55℃,稻谷严重霉烂变质,不能食用。

3. 容易变黄

稻谷在收获时,如遇连续阴雨天,会导致不能及时干燥处理,堆内发热,产生黄变,这种稻谷称为黄变谷或沤黄谷。稻谷在贮藏期间也会发生黄变的现象,这与它的温度和水分有着密切的关系。

任务实施 收获技术及贮藏技术

一、收获技术

水稻收获适期为蜡熟末期和完熟初期。此时水稻穗轴已上干下黄,谷粒变为坚硬透明状,枝梗部三分之二已干枯变黄。过早收获,营养物质积累不充足,有青米、碎米的现象,出米率低,出现品质差和产量低的现象;过迟收获,茎秆易倒伏,米粒品质变差并脱落。

水稻的收获方式可分为以下三种。

1. 分段收获

先是利用割晒机将水稻割倒,铺放在田间稻茬上晾干。再用带有拾禾设备的联合收割机拾起,并进行脱粒、分离、清选,完成收获工作。

2. 人工收获

适合倒伏水稻收获,收获完水稻水分降到16%时,码成小垛防止干湿交替,避免增加裂纹米和降低出米率。

3. 直接收获

水分降到16%以下适时进行机械大面积收获。

二、贮藏技术

稻谷收获要选择晴朗干燥的天气,机器收获和人工收获,稻株先行铺晒3～4天,切忌长时间在公路上暴晒，避免品质下降和污染。当谷粒水分降至 14％以下时，再打捆运回脱粒，脱粒后通过风选的方式清除杂质。贮运时做到单收、单运。入库前仓库要消毒、灭鼠和除虫。贮藏时要注意仓内的温度和湿度，加强管理，及时清除变质发霉的谷粒。

 技能训练　水稻贮藏前仓库准备

一、实训目的

在水稻入库前对仓库进行全面检查、消毒，能有效保证水稻贮藏的安全性，培养学生养成良好的粮食安全意识。

二、材料用具

扫帚、手套、喷壶、消毒药剂和杀虫药等。

三、内容方法

仓库的全面检查、清仓和消毒工作如下。

① 对仓库进行全面检查，包括防鼠、防潮、隔热效果和门窗的密封性等。

② 认真做好仓内和仓外的清洁工作，保持仓库内外整洁，剔刮仓库门窗、墙缝和墙壁中的虫窝，仓库内的工具也要全面清洁。

③ 空仓进行消毒处理。空仓消毒最好用 80％敌敌畏乳油 $0.2g/m^3$，需计算出仓库总用药量后再配药。用法：将 80％敌敌畏乳油 2g 兑水 1kg，配成 0.2％的稀释液喷雾消毒，也可以用 56％磷化铝 0.5 片$/m^3$ 均匀布点在报纸上进行熏蒸。施药后密闭门窗 72h，然后通风 24h，清扫药物残渣。

四、作业

以小组为单位对本组负责的仓库进行全面检查、清仓和消毒。

五、考核

现场考核，根据学生在现场操作的熟练程度和实训表现等确定考核成绩。

任务三　玉米收获及处理

 任务目标

知识目标：　① 了解玉米适时收获的好处和贮藏方法。
　　　　　　② 掌握玉米的贮藏特性、时间与适宜收获的特征。

技能目标：① 会适时收获玉米。
② 能根据不同的条件，采用相应的贮藏措施。
素养目标：提升学生辨别事物的能力。

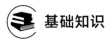 基础知识

一、玉米成熟的判定

通常判定玉米籽粒生理成熟的标志有两个，一是玉米籽粒基部出现黑色层，二是玉米籽粒乳线消失。有些品种成熟以后经过一定时间才会出现明显的黑色层。

二、适时收获的好处

1. 提高产量

合理确定收获时间，可以使玉米籽粒灌浆时间延长，玉米完全成熟，粒重大，产量高。若过早收获则会出现粒重小、产量低的现象。

2. 提升品质

合理确定收获时间，不但可以增加玉米籽粒中淀粉的含量，还可以增加玉米籽粒中氨基酸、脂肪、蛋白质的含量，使这些营养物质在完熟期达到高峰，从而有效提升玉米品质。

3. 增加商品价值

合理确定收获时间，可使玉米籽粒大小均匀，饱满度高，秕粒和小粒的情况明显减少，籽粒水分含量较低，有利于玉米的贮藏和脱粒。

三、玉米的贮藏

在我国北方种植玉米，收获时果穗因不能得到充分的日晒而未能充分干燥，因此果穗含水量稍高。在东北和内蒙古地区果穗含水量为20%～30%，华北地区含水量为15%～20%，不利于玉米的安全贮藏。因此要在充分了解贮藏期玉米籽粒特性的基础上，掌握合适的贮藏方法。

1. 玉米的贮藏特性

（1）**玉米胚部含脂肪多，易酸败** 脂肪占玉米胚部总量的77%～89%，胚部的脂肪酸值始终高于胚乳，胚部容易首先开始酸败。

（2）**玉米胚较大，呼吸作用旺盛** 玉米胚部约占籽粒总体积的三分之一，占整体粒重的10%～12%，有较多的蛋白质和可溶性糖，吸收性强，呼吸量大，呼吸强度高，因此玉米在贮藏过程中容易发生变质。

（3）**玉米胚部易霉变** 玉米胚部营养丰富，附着的微生物较多，因此胚部是霉变和虫害的重要部位。玉米收获果穗脱粒时也容易受损失。胚部受潮后，在适宜的温度下，更易发生霉变，使玉米变质。

2. 玉米的贮藏方法

降低籽粒含水量，提高玉米入库的质量是安全贮藏的关键。要根据各地的湿度、温度条件，采取相应合理的贮藏方式。

(1) **玉米果穗的贮藏**　将玉米果穗直接贮藏，果穗堆内部孔隙较大，通风条件好，且处于低温季节，此时堆内温度变化不大，能保持稳定的热能代谢平衡。籽粒含水量达到15%左右时，就可以脱粒贮藏。

(2) **玉米籽粒的贮藏**　玉米收获脱粒后，经晒干扬净、使籽粒的含水量下降至13%后转入密闭的仓库内进行贮藏。通常采用低温冷冻密闭进行贮藏，在北方地区，冬季寒冷干燥，摊晾降温后使粮温降至-10℃以下，再经过筛清霜和清杂的程序，在低温的晴天入仓，密闭进行贮藏。

(3) **果穗挂藏**　将玉米苞叶编成辫状，再用细绳捆绑成串，将其挂在避雨和通风良好的地方进行贮藏。

(4) **果穗堆藏**　在露天场地上用秫秸编成方形或圆形的通风仓，将玉米果穗去除叶片堆在仓库内越冬贮藏。

任务实施　收获技术及贮藏技术

一、收获技术

1. 严格把握收获标志

收获时避免采用苞叶变黄就开始收获的习惯，要在玉米籽粒变硬，其基部形成黑色层，乳线下移至基部并完全消失，籽粒能展示出其品种应有的特性，玉米苞叶呈现白色且变蓬松、变干时收获。

2. 适当推迟收获时间

可充分利用玉米生长后期良好的天气情况（光照充足）延长灌浆期，更多地积累淀粉、蛋白质等营养物质，在条件允许的情况下可延长10天左右。若生长后期天气状况不良或遭遇病虫害，则应视具体情况及时收获，避免出现减产的情况。

3. 收获方法

目前多采用两种方式进行收获。一是手摘法，手摘玉米果穗时不要用力过猛，防止籽粒脱落，此种方法适用于地块比较小的地方或家庭种植。二是机器采收法，要选择正规厂家生产的机器，此种方法适用于较大规模的农田。

二、贮藏技术

东北地区玉米籽粒贮藏可采用露天贮藏和仓库贮藏两种方式。

1. 露天贮藏

露天贮藏可利用冬季寒冷的自然条件对晾晒不充分的高水分玉米冷冻，一般情况下，可以安全贮藏到四月左右。

2. 仓库贮藏

仓库贮藏要做到"五分开",即质量好次分开,水分高低分开,新粮与陈粮分开,有虫粮与无虫粮分开,不同种类分开。玉米仓库贮藏要注意以下五个方面:一是库房通风、防潮、隔热效果要良好,密闭性强,能防虫和老鼠等动物,同时将库房湿度控制在60%~65%;二是玉米收获后要将其充分干燥,严格控制籽粒的含水量,水分不高于13%,温度不高于28℃;三是玉米入库前可通过风选筛清除其中含有的杂质,避免发生霉变和虫害;四是食用粮与种子要分开入仓,在种子封装容器内外要挂好标签,在标签上注明种子名称、数量、入库时间和级别等信息;五是玉米入库前要充分做好防霉和防虫工作,除了过筛以外还可以用磷化铝等对玉米进行熏蒸,但种用玉米不宜采用此类方式,贮藏时要及时晾晒和通风,勤检勤查。

技能训练 玉米成熟期的鉴定

一、实训目的

识别玉米不同成熟时期的形态特征,学会鉴定玉米不同成熟时期的方法,为适时收获提供依据,提升学生辨别事物的能力。

二、材料用具

不同成熟时期的玉米植株、果穗、剪刀、铅笔等。

三、内容方法

玉米籽粒发育过程可分为乳熟期、蜡熟期和完熟期三个时期。各个时期形态特征不同,掌握这些形态特征,对玉米成熟期的鉴定有着一定的意义。

① 取玉米植株及果穗,观察茎、叶及果穗上的苞叶情况。
② 剥开玉米苞叶,观察籽粒外形,再切开籽粒观察内含物的硬化程度。
③ 判断玉米的成熟时期。

四、作业

将观察结果填入表格。

成熟玉米植株观察   年   月   日

编号	茎叶情况	果穗情况	籽粒情况	对应的成熟期	能否收获

五、考核

现场考核,根据测量结果与学生在现场操作的熟练程度、准确度和实训表现等确定考核成绩。

任务四 花生收获及处理

任务目标

知识目标：① 了解花生适时收获的好处。
② 掌握花生的贮藏特性和适宜收获的特征。
技能目标：① 会人工采收花生。
② 能安全贮藏花生。
素养目标：培养学生爱劳动的精神。

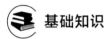

基础知识

一、花生成熟的判定

花生成熟期一般可通过"三看"来进行判定。一看植株，地上部植株生长衰退，茎和秆变黄，茎秆中下部叶片有脱落现象；二看荚果，从地里拔出几棵花生，观察荚果，其表面网纹清晰、果壳变硬、荚内海绵层收缩破裂且显现出黑褐色光泽，不同品种饱果率也有所不同，可根据品种特性进行判断；三看果仁，剥开果壳，当里面的果仁颗粒饱满、有光泽、皮薄且颜色为该品种固有的颜色时即可收获。

二、适时收获的好处

花生含有大量蛋白质和油分，其品质容易受环境影响，花生的适期收获对提升产量、保证品质有着非常重要的意义。收获过早，花生尚未完全成熟、灌浆不足，荚果不饱满、秕仁多、出仁率低，营养物质含量低。收获过晚，先熟的荚果会脱落，造成果仁酸败，降低产量和品质。适时收获的荚果成熟度好，果仁颗粒饱满，商品价值高。

三、花生的贮藏特性

1. 后熟期长

花生种子后熟期较其他作物稍长，在后熟作用中酶的活性很高，同时呼吸过程中花生会放出较多的热量和水分，种子容易发热霉变。

2. 吸湿性强

花生中有丰富的蛋白质等亲水性物质，吸湿性强，新收获的花生含水量在30%以上，如干燥不彻底、不及时，或者在贮藏过程中花生大量吸取空气中的水分，就容易发生霉变。

3. 受热变质

花生含油量高，当前生产上主栽的花生品种含油率可达50%以上。在种子的呼吸作用下花生易酸败和出油，不仅出油率降低、油味变苦、食用有哈喇味，且会导致品质降低。

4. 不耐低温

贮藏温度低于0℃以下，花生易受冻害，还会使其颗粒变软，产生酸败气味，含油量下降，发芽率降低。

 任务实施 收获技术及贮藏技术

一、收获技术

花生收获采用人工收获和机械收获两种方式，由于人工收获花生费时、费力，现在多采用机械收获的方式。花生在采收后，将3~4行植株合并集条铺晒，根果部向阳，使植株与土壤脱离，通风、散热效果好，荚果不易发生霉变。日晒5天左右，用手摇动荚果有响动，可将茎叶向内、根果向外堆成小垛，在田间继续日晒，也可以摘果运回场上。无论采用何种方式都应将荚果尽快晒干，避免产生黄曲霉，晒制过程中注意防发热、防雨淋。剥开果壳，用手搓种皮易脱掉，用牙咬种子声音清脆，此时含水量降到10%左右时可入库。

二、贮藏技术

花生经充分日晒，种子含水量降到10%左右，大种仁在8%以下，小种仁在7%以下，入库贮藏最为适宜。低温冷库贮藏花生温度控制在5~15℃，相对湿度控制在85%以下，但这种方式耗资较大。所以，我国大多采用室内袋装垛存的方式，将温度控制在20℃以下，相对湿度低于65%。贮藏期间要定期检查堆内湿度和荚果的含水量。如果发现含水量偏高，应立即通风翻晒；温度偏高，则要翻仓、倒囤、晾晒；有虫害时要进行全仓消毒，确保贮藏安全。

 技能训练 花生人工采收

一、实训目的

明确花生人工采收流程，培养学生劳动能力。

二、材料用具

手套、扫帚、锄头和专用包装袋等。

三、内容方法

以小组为单位人工采收已经成熟的花生。

① 选择晴天作业。
② 连根刨出或拔出成熟的花生，并把花生头齐放在一起。
③ 用工具把晒场清扫干净，确保无土粒和石块等杂质。
④ 将花生铺放在晒场上，一天翻晒4~6次，如遇雨天要及时遮盖、收藏。
⑤ 晒干后人工挑选，拣出秕果、变色果和病虫果。
⑥ 将合格的果实装入专用包装袋贮藏入库。

四、作业

以小组为单位用人工采收的方式对本组负责的花生地块进行采收处理。

五、考核

现场考核，根据学生现场操作的熟练程度、准确度和实训表现等确定考核成绩。

任务五　大豆收获及处理

任务目标

知识目标：① 了解大豆适时收获的好处。
　　　　　② 掌握大豆的贮藏特性和适宜收获的特征。
技能目标：① 会适时采收大豆。
　　　　　② 能安全贮藏大豆。
素养目标：培养学生形成珍惜粮食的好习惯。

基础知识

一、大豆成熟的判定

可以通过"四看"来判定大豆是否成熟：一看茎秆，大豆成熟时其茎秆的颜色由绿变黄，若田间茎秆绿色偏多，则要再等一段时间；二看叶片，大豆成熟后，叶片会自动脱落；三看豆荚，当豆荚水分含量减少，用手摇晃豆株，会听到籽粒晃动的响声，其颜色也会变为黑褐色；四看田间，当田间有炸裂的大豆时，就可以收获了。

二、适时收获的好处

收获过早，大豆还处于干物质积累阶段，会导致产量降低。收获过晚，大豆失水过多，会造成豆荚裂开，豆粒脱落田间，不利于收获，也会造成产量降低。

三、大豆的贮藏特性

1. 吸湿性强

大豆籽粒种皮薄,发芽孔大,与玉米、小麦等相比吸湿性强。大豆吸湿受潮后,籽粒变软、膨胀变形、脐部泛红,出现生霉现象,且品质降低,无法食用。

2. 不耐高温

温度愈高,大豆品质下降愈快,当高温季节来临时,大豆子叶靠脐部会变红,严重时还会出现浸油脱皮现象,此时大豆的出油率和发芽率都会降低。

任务实施 收获技术及贮藏技术

一、收获技术

大豆收获采用人工收获和机械收获两种方式。

1. 人工收获

在黄熟末期进行人工收获,茎和豆荚变为黄褐色,大部分叶片脱落,豆粒与荚壳分离,摇晃植株会有响动。人工收获时,割茬要低,不留底荚,不留马耳朵。

2. 机械收获

可用联合收获机直接收获,操作时注意要把收割台下降前移,降低割茬,选用小收割台,可以减少收获损失。可在木翻轮上增钉橡皮条、帆布袋或改装偏心木翻轮,减少对大豆植株的打击,防止炸荚。同时,加高挡风板,防止豆粒外溅。

还可以用割晒机或经过改装的联合收获机,将大豆割倒后平铺晒干,再用联合收获机安装拾禾脱粒机拾禾脱粒。这种收获方式具有收获早、损失小等优点。

二、贮藏技术

1. 严格控制水分

大豆收获后,将豆荚充分晒干后再进行脱粒,确保大豆入库前水分控制在12%以下。

2. 适当通风

新入库的大豆籽粒间水分不均匀,同时在大豆的后熟作用下,会出现堆内湿热聚积的现象,此时要通过适当的通风进行散湿散热。

3. 低温贮藏

储藏大豆的仓库要有较好的保温性能,在春季升温前要用保温材料压盖粮面,确保大豆处于低温状态。

技能训练　大豆人工收获技术

一、实训目的

通过实训，使学生掌握人工收获大豆的技能，以便更好地提高大豆的产量和品质，培养学生的劳动意识。

二、材料用具

手套、镰刀、绑绳、米尺。

三、内容方法

将学生分组，每 2～3 人一组，进行大豆人工收割，每人任务量垄长 5m。学生们戴上手套用镰刀进行收割，将收割下来的大豆植株用绑绳捆成小捆搬运到大豆田外，堆放在地头。然后将田间落下的大豆植株拣拾干净即可。

1. 收割时间

一般在大豆成熟期后即可进行收割。大豆成熟时，荚皮呈现出金黄色，豆荚内的豆粒已经充实，此时可进行收割。

2. 收割工具

大豆的收割工具一般为收割机或镰刀。如果面积小或者地形特殊可用镰刀人工收割，此次实训是用镰刀进行人工收割。

3. 收割方法

收割时用镰刀将大豆茎的基部接近地面 2～3cm 处切断即可。然后捆成捆，搬运出田外，统一放置在场院，搭成架，进行晾晒。

4. 注意事项

① 注意人身安全，避免受伤。
② 茎茬不要留太高，以免造成低荚浪费。

四、作业

完成实训报告。

五、考核

根据学生在实训中的表现，收割时的认真态度、熟练程度，收割的质量和完成的数量等，确定考核成绩。

任务六 马铃薯收获及处理

任务目标

知识目标： ① 了解马铃薯的贮藏特性。
② 掌握马铃薯适宜收获的特征。
技能目标： ① 会对采收的马铃薯进行正确贮前处理。
② 能安全贮藏马铃薯。
素养目标：培养学生的粮食安全意识。

基础知识

一、马铃薯成熟的判定

马铃薯收获的部位是它的块茎，当植株地上大部分茎叶由绿转黄同时逐渐枯萎，块茎干物质停止积累不再增量而容易与匍匐茎脱离，表皮形成较厚的木栓层时标志着马铃薯已经成熟。马铃薯用途不同，收获期也有所不同，成熟度要求也不同。

二、马铃薯的贮藏特性

1. 生理休眠明显

马铃薯收获后有非常明显的生理休眠期，因品种不同稍有差别，一般为 2～4 个月。马铃薯进入生理休眠后，生理活动变慢，自身养分消耗量减少，有利于马铃薯的贮藏和保鲜。

2. 淀粉与糖相互转化

马铃薯富含淀粉和糖，在贮藏中淀粉与糖能相互转化。当温度降至 0℃ 时，淀粉水解活性增高，薯块内单糖积累，薯块变甜，食用品质不佳，加工品褐变。如果贮藏温度升高，单糖又会合成淀粉。当温度高于 30℃ 和低于 0℃ 时，薯心容易变黑。

 任务实施 收获技术及贮藏技术

一、收获技术

应选择天气晴朗、土壤干燥时收获马铃薯，可采用人工或用犁的方式，还可以使用土豆收获机。收获时，要尽量避免使薯块受损，挖出的薯块也不要在烈日下暴晒，暴晒会造成芽眼老化，形成龙葵碱毒素，降低食用品质和种用效果。夏、秋薯收获时，还要注意防止霜冻。收获后，最好将薯块堆放在阴凉干燥通风处，使表皮硬化，再进行分级挑选，把个头小、有病害和腐烂的薯块剔除。

二、贮藏技术

马铃薯的贮藏根据收获季节不同分为夏季贮藏和冬季贮藏，夏季贮藏比冬季贮藏难。夏季天气炎热、湿度大，块茎在贮藏过程中容易腐烂。因此要做好防热和防潮工作，只有精细化管理，才能使薯块安全越夏。在冬季贮藏中要避免严寒，温度过低，薯块受冻会降低品质。

马铃薯贮藏一般采用窖藏法，有条件的可选择通风、凉爽、干净的半地下窖。贮藏管理得当，块茎正常的自然损耗率低于 2%。贮藏管理不当，薯块会大量发芽，降低产品质量，有的还会造成烂窖，造成经济损失。窖藏时对温度、湿度、光、通风条件和堆放方法均有一定的要求。

1. 温度

贮藏初期窖内温度和湿度一般偏高，但不能超过 20℃，入窖 20 天后窖温下降。种薯要在较低温度下贮藏，初期 10～11 月温度控制在 4℃左右；中期 12 月～翌年 2 月温度控制在 1～3℃，同时注意防冻；末期 3～4 月，温度控制在 4℃左右，此时种薯开始萌发。

2. 湿度

贮藏湿度控制在 85%～90%，在这样的条件下块茎既失水不多，又不会腐烂。

3. 光

无论是种薯还是食用薯都应避光贮藏。

4. 通风条件

块薯窖藏需要清洁空气，以确保块茎呼吸正常，良好的通风环境不仅可以调节温度和湿度，还可以防止人工管理时发生中毒现象。

5. 堆放方法

窖内大量堆放会使马铃薯伤热发芽，损失率高达 20%。用尼龙丝网袋装马铃薯进行堆放的方法，损失率在 5%。

 技能训练　马铃薯贮藏前薯块处理

一、实训目的

能合理对贮藏前的马铃薯进行处理，确保贮藏质量，增强学生的粮食安全意识。

二、材料用具

新采收的马铃薯。

三、内容方法

以小组为单位对新采收的马铃薯进行处理,做到"六不要",即薯块带病不要、带泥不要、有损伤不要、有裂皮不要、发青不要、受冻不要。

① 将马铃薯堆放在阴凉、干燥、通风处,时间为 4~7 天,使其放热、愈伤和木栓化。

② 去净马铃薯上的泥土,避免块茎间隙堵塞,造成通风不良。

③ 严格选薯,剔除带病虫、损伤、腐烂、不完整、有裂皮、受冻、畸形的马铃薯及杂薯等。

四、作业

每小组对本组的马铃薯采用合理的方式进行贮藏前处理。

五、考核

现场考核,根据学生现场操作的熟练程度、准确度和实训表现等确定考核成绩。

 知识拓展 农业机械化为粮食增产保驾护航

农业机械作为我国重要物质装备基础和粮食生产能力不可或缺的重要组成部分,为保障国家粮食安全提供重要支撑。目前,我国农业机械化正在向全程、全面、高质量发展,不仅解放了劳动者的双手、提升了粮食生产效率,也确保了粮食生产稳产增产、节本增效。

一、全程、全面推进粮食机械化,提高生产效率

近年来,我国把粮食生产机械化作为农业机械化的首要任务。2022 年,全国粮食总产量达 13731 亿斤,连续 8 年稳定在 1.3 万亿斤以上。连续丰产的背后,离不开现代化的农业机械化。

为此,我国推进农机装备补短板,着力解决部分关键核心技术、重要零部件、材料受制于人以及部分环节"无机可用"问题,坚持研发制造和推广应用两端发力,围绕大型大马力高端智能农机装备、丘陵山区适用小型机械"一大一小"机具和关键零部件,开展技术攻关。

二、解决"谁来种地",实现农业高质量发展

近年来,北斗导航、5G、大数据等技术已经在农业生产一线发挥作用,农机装备数字化智能化发展持续推进,农用无人机已经广泛应用于植保作业,国产自动驾驶拖拉机、无人插秧机、无人喷杆喷雾机、无人联合收获机等先后投放市场。具备精量播种、精准施肥施药、水肥一体化等功能的智能化农机装备应用越来越广泛。

农业机械化不仅解决了"谁来种地"的问题,还实现了农业的绿色发展,推动了农业高质量发展。目前保护性耕作、精量播种、精准施药、高效施肥、节水灌溉、残膜回收利用等绿色技术应用,都以相应的农业机械作为根本保障。

项目测试

一、填空题

1. 作物收获大多可采用（　　）和（　　）的方式。
2. 玉米仓库贮藏做到"五分开"，即（　　）、（　　）、（　　）、（　　）、（　　）。
3. 玉米成熟的标志，一是（　　），二是（　　）。
4. 大豆成熟"四看"，一看（　　），二看（　　），三看（　　），四看（　　）。
5. 马铃薯贮藏"六不要"，即（　　）、（　　）、（　　）（　　）、（　　）、（　　）。

二、选择题（第1题为单选题、第2题~第5题为多选题）

1. 小麦收获应在（　　）。
   A. 面团期　　　　B. 蜡熟中期　　　C. 蜡熟末期　　　D. 完熟期
2. 水稻的贮藏特性为（　　）。
   A. 不耐高温　　　B. 耐高温　　　　C. 易霉变生芽　　D. 容易变黄
3. 花生的贮藏特性为（　　）。
   A. 后熟期长　　　B. 吸湿性强　　　C. 受热变质　　　D. 不耐低温
4. 大豆的贮藏特性为（　　）。
   A. 吸湿性强　　　B. 吸湿性弱　　　C. 不耐高温　　　D. 耐高温
5. 大豆贮藏时应做到（　　）。
   A. 严格控制水分　B. 适当通风　　　C. 高温贮藏　　　D. 低温贮藏

三、简答题

1. 简述小麦贮藏技术。
2. 怎样确定水稻的适宜收获期？
3. 简述玉米贮藏收获技术。
4. 简述马铃薯贮藏时要注意什么。

项目评价

项目评价	评价内容	分值	自我评价（10%）	教师评价（60%）	学生互评（30%）	得分
学习能力	知识掌握	18				
	学习态度	10				
	作业完成	12				
技术能力	专业技能	8				
	协作能力	6				
	动手能力	6				
	实验报告	8				

续表

项目评价	评价内容	分值	自我评价 (10%)	教师评价 (60%)	学生互评 (30%)	得分
素质能力	职业素养	6				
	协作意识	6				
	创新意识	6				
	心理素质	6				
	学习纪律	8				
总分		100				

项目十

其他作物生产技术

 学前导读

　　棉花是世界上最主要的农作物之一，其产量大、生产成本低，且制成的棉制品价格低廉，主副产品利用价值较高。我国是棉花生产、消费和贸易大国。棉纤维是纺织工业的重要原料，棉织物坚牢耐磨，用于制作各类衣服、家具布和工业用布，在我国纺织工业原料中约占50%的份额；棉籽是重要的食用油来源和化工原料；棉籽壳是廉价的化工和食用菌原料；榨油后的棉仁粉含蛋白质及多种维生素，是优质的饲料和肥料来源；近年，棉花还用于切花，作插花花材使用。因此，大力发展棉花生产有利于国民经济的发展和人民生活的改善。

　　甘薯又名地瓜、番薯等，原产于美洲热带地区。世界栽培甘薯主要分布在北纬40°以南，其中亚洲最大，非洲次之，美洲居第三。据科学研究，甘薯能增强人体抗病能力，增强免疫功能。我国栽培甘薯已有近400年的历史，主要产区在黄淮流域、长江下游和华南一带。甘薯具有适应性广、抗逆性强，如耐旱、耐瘠、抗病虫等特点，是高产稳产的粮食作物。除食用外，甘薯块根和茎叶营养丰富，是良好的饲料来源。甘薯含有丰富的黏液蛋白，这种物质不仅能保持关节腔内的润滑作用，而且还能保持人体心血管壁的弹性，阻止动脉粥样硬化，减少皮下脂肪，防止肝肾中结缔组织萎缩，提高机体的免疫能力。

　　烟草是我国重要的经济作物之一，栽培烟草的目的主要是收获烟叶，烟叶生产是烟制品工业的原料来源。烟制品虽非生活必需品，但已成为人们普遍需要的消费品。烟叶生产、烟制品工业及卷烟营销是高效益、高利润的行业，烟草行业作为一个重要产业，在国民经济中具有相当重要的地位。烟草原产于南美洲，在世界上分布较广，目前各大洲均有烟草生产，以亚洲最多。我国是世界上烟草生产第一大国，烟草种植面积、总产量均居世界首位。主产区有云南、贵州、湖南、河南、四川、山东、安徽、福建等省，其中云南的烟草种植面积占全国种植面积的1/3，是烤烟、香烟质量最好的省份。

任务一　棉花生产技术

 任务目标

知识目标：① 了解棉花的器官形态及形成。
② 掌握棉花的生育期与阶段发育。
技能目标：① 会进行棉花育苗繁育技术。
② 掌握棉花各发育期的田间管理技术措施。
素养目标：① 培养学生主动积极种植棉花实践操作的意识以及吃苦耐劳的精神。
② 激发学生学习棉花生产技术的兴趣。

 **基础知识**

一、棉花的生育期与阶段发育

棉花的"一生"是指从种子萌发开始直至种子成熟为止的过程。

（一）棉花的生育期

棉花从播种到收花结束，称为大田生长期，或称全生育期，时间长短因霜期不同而不同，一般为 200 天左右。

从出苗期到吐絮期所需的时间称为生育期，即从种子萌发至新的种子形成的时期。生育期的长短是鉴别棉花品种属性的主要依据。一般将生育期在 120 天以下的棉花品种称为早熟品种，120~140 天的为中熟品种，140 天以上的为晚熟品种。

（二）棉花的生育时期

棉花整个生育期中，要经历 4 个主要生育时期。

1. 出苗期

棉苗出土后，两片子叶平展为出苗，全田出苗率达到 50% 以上时为出苗期。

2. 现蕾期

棉株第一果枝的第一蕾出现，且直径达 3mm 以上为现蕾；全田有 50% 棉株现蕾为现蕾期；全田棉株第四果枝第一节位现蕾达到 50% 以上的时期为盛蕾期。

3. 开花期

棉株第一朵花花冠开放为开花，全田棉株的第一果枝第一节开花达到 50% 以上，则为开花期；全田植株的第四果枝第一节开花达到 50% 以上，则为盛花期。

4. 吐絮期

棉株第一个棉铃的铃壳正常开裂见絮为吐絮，全田棉株第一个棉铃成熟开裂吐絮达到50%以上时，为吐絮期。

（三）棉花的生育阶段

根据棉花不同器官的形成时期及其栽培过程，可将棉花的一生分为5个生育阶段。

（1）**播种出苗期** 从播种至出苗称为播种出苗期，春棉一般经历7~14天，夏播棉为5~7天。这一阶段是保证全苗的关键时期，决定了棉花的株数。

（2）**苗期** 从出苗到现蕾称为苗期，历时40~50天。这一阶段是棉苗早发的关键时期，决定了棉苗的质量。

（3）**蕾期** 从现蕾到开花称为蕾期，历时25~30天。这一阶段是有效蕾形成的主要时期。

（4）**花铃期** 从开花到吐絮称为花铃期，历时50~60天。花铃期又可分为初花期和盛花期，初花期经历15天左右。这一阶段是棉铃和纤维发育的重要时期。

（5）**吐絮期** 从吐絮到收花结束称为吐絮期，历时70~80天。

（四）棉花蕾铃的脱落

棉花生产上普遍存在蕾铃脱落的现象。

1. 蕾铃脱落的规律

蕾铃脱落包括落蕾和落铃两种，一般落铃要多于落蕾。通常植株中上部蕾铃脱落多，下部脱落少；同一果枝上，近主茎脱落少，远主茎脱落多。棉株在开花前蕾铃脱落少，开花后逐渐增多，盛花期时可达到高峰期，过后又逐渐减少，盛花期是防止蕾铃脱落的关键时期。

2. 蕾铃脱落的原因

棉花蕾铃脱落的原因主要包括生理脱落、病虫为害以及机械损伤3个方面。由于有机营养失调、激素不平衡导致的不良环境条件，或是没有能实现双受精都会导致脱蕾脱铃。棉株遭受病虫为害，会影响光合产物的制造和运输，从而导致蕾铃脱落，更甚者还会整株死亡。田间管理时，若操作不当，或是遇到暴雨、大风、冰雹等自然灾害天气也会间接或直接造成蕾铃脱落。

3. 保铃增蕾的措施

① 选用结铃性强、抗病虫、抗逆力强、优质高产的棉花品种。
② 改善水肥供应。合理调节水肥供应，协调营养生长与生殖生长，保持旺盛的光合作用能力，保证足够有机养分的积累与输送，促进蕾铃的发育。
③ 改善通风透光条件。合理密植，确定适宜株型，建立合理群体结构。
④ 综合防治病虫害，减少蕾铃脱落。

二、棉花的器官建成

1. 棉花的根

（1）根系的形态　棉花的根属于直根系，由主根、侧根、各级支根及大量根毛组成。棉花为深根作物，比较耐旱。

露地直播棉的根系在土壤中呈倒圆锥形。覆地膜的棉株根系呈上密下疏、分布不匀的伞状，主根深长，侧根发生离地面近，侧根上层多而密集，下层少而稀疏，支根和小支根多而发达。

（2）根系的生长　棉花根系在苗期生长快，以生长主根为主，为根系发展期；现蕾后主根生长则变缓慢，而侧根生长加快，到开花期根系基本建成，为根系生长盛期；开花后，主根和侧根生长都缓慢，是根系吸收高峰期；进入吐絮期后，为根系衰退期。

2. 棉花的茎

（1）棉花主茎的形态与生长　棉花出苗后，子叶间的顶芽不断向上生长即形成主茎。棉花主茎呈圆柱形，嫩茎横断面呈五边形。主茎由节和节间组成。幼茎呈绿色，经阳光照射后逐渐变成红茎，老熟的主茎为棕褐色。棉株红茎比例是看苗诊断的重要指标。棉花株高以子叶节到主茎顶端的高度来表示，其日增长量是鉴别棉花生长快慢的重要标志，也是看苗诊断的主要指标。

（2）分枝的形态与分化　棉花分枝是由分化发育形成的。中熟品种棉株下部第一至第二叶的腋芽呈潜伏状态；第三至第五叶的腋芽多为叶芽，形成叶枝或赘芽；第五至第七叶及以上的腋芽为混合芽，分化发育后形成果枝。腋芽原基首先分化出一片不完全叶（先出叶），继而分化出一片完全叶，其顶端生长点如分化为苞叶原基，则为花芽。这个花芽与完全叶对生，形成果枝的第一个节段（果节）；第一节段完全叶的腋芽，继续分化出一片先出叶、一片完全叶和一个花芽，如此相继形成若干个节段，即成为果枝。如果腋芽分化不完全叶和第一片完全叶后，继续分化第二、第三片完全叶，即发育成叶芽，形成叶枝。叶枝又称为营养枝，为单轴分枝，其形态和生长与主茎相似。叶枝上可形成二级果枝，但由于开花较晚，常在现蕾初期被去掉。

3. 棉花的叶

（1）叶的种类与形态　棉花的叶分为子叶、真叶及先出叶3种。子叶肾形，对生，是棉花3叶期前主要的光合作用器官。真叶是在子叶后长出的叶，是完全叶，具有叶片、叶柄及托叶，是棉花一生中最主要的光合作用器官。先出叶是每个枝条长出的第一片叶，大多无叶柄与托叶，是不完全叶。

（2）叶的生长　出叶速度与温度有关，在一定范围内，温度越高，出叶也越快。叶片的生长分为叶原基突起、分化叶、成形叶和展平叶4个阶段。叶原基突起至叶片展平约25天。真叶展平至落黄为70~90天，其中，约有60天为有效功能期。棉花中后期整枝的去老叶是为了去除处在有效功能期之外的叶片。

棉花叶片的大小、色泽、厚度及叶柄的长度除受品种特性影响外，还受到水、温、肥、光等生态因素及栽培措施的影响，常被作为鉴苗诊断的指标。

4. 棉花的花

(1) **现蕾** 当陆地棉早、中熟品种的棉苗展平 2～3 片真叶时，棉株开始花芽分化。当花芽分化进入心皮分化期时，幼蕾已达 3mm 大小，肉眼可见时，就称为现蕾。整个花芽分化过程需 15～20 天。

棉花现蕾后第一果枝着生的节位，称为第一果枝节位，又称为果枝始节。果枝始节的高低是棉花是否早发的标志。果枝始节低，有利于获得高产。

棉花现蕾顺序与花芽分化顺序相同，是由下向上、由内向外，以果枝始节的节位为中心，呈螺旋曲线由内向外依次现蕾。相邻两个果枝相同节位的现蕾间隔天数较短，一般为 2～4 天；同一果枝相邻两果节的现蕾间隔天数较长，一般为 5～7 天。离主茎越远，其现蕾间隔的时间越长。盛蕾期的蕾一般较大。

(2) **开花** 现蕾后经过 22～28 天即可开花。棉花的花为单花，由苞叶、花萼、花瓣、雄蕊与雌蕊组成。苞叶近似三角形，通常为 3 片。花萼杯状，裂片 5 片、花瓣 5 片组成花冠。花丝基部连合成雄蕊管，雄蕊 60～90 枚。通常在花前 1 天的下午，花冠会急剧伸长，翌日 7～9 时花冠张开，花药开裂，撒出花粉，落在柱头上完成授粉。授粉后经 24～48h 实现双受精。花冠在开花当日下午开始变红，逐渐加深变紫红直至枯萎，连同花柱、柱头一起脱落。未授粉或授粉不良的花，花冠不变色或变色较浅。棉花的开花顺序与现蕾顺序一致。盛花期开放的花也同样较大，初花期与后期开放的都较小。

5. 棉铃

(1) **棉铃的形成** 棉铃又称为棉桃，由受精的子房发育而成，为蒴果。棉花双受精后，花冠脱落留下的子房称为幼铃。幼铃在生长发育约 10 天后，其直径到 2cm 左右，就可称为成铃。棉铃的大小多以单铃子棉重，即用铃重（g）表示，一般为 4～6g，小铃仅 3～4g。铃重除受品种影响外，还受结铃部位和成铃季节的影响。通常中下部的内围铃较大，在伏期形成的棉铃较伏前期、伏后期形成的棉铃大。留种棉田，应优选伏期铃。

(2) **棉铃的发育过程** 从开花至成熟吐絮，可将棉铃的发育分为体积增大期、内部充实期、脱水开裂期 3 个阶段。在体积增大期，棉铃迅速增大体积，经 20～30 天外形即达到应有大小，此期容易遭受害虫咬食，也是争取大铃的关键时期，应加强田间管理。在内部充实期，历时 20～30 天，种子和纤维干物质质量急剧增加，棉铃含水量下降，此期是争取纤维产量的重要时期。在脱水开裂期，棉铃经 50～60 天的发育后开始成熟，棉铃脱水加速，纤维逐渐干燥，铃壳失水收缩开裂，此期如遇低温阴雨或棉田荫蔽，则会出现吐絮延迟现象，甚至容易诱发霉变。

(3) **棉花"三桃"的划分** 根据开花结铃时间的早晚，棉铃可分为伏前桃、伏桃和秋桃。伏前桃是早期桃，是棉株早发稳长的标志。伏桃单铃重高、品质好，是构成产量的主体桃，多结伏桃是优化成铃结构、实现优质高产的关键。秋桃过少，会出现棉花早衰；秋桃过多，则是棉花晚熟或贪青的结果。

6. 棉籽

(1) **棉籽形态结构** 棉花种子是不规则的梨形，由种皮、胚乳遗迹和胚 3 部分构成。种皮又称为棉籽壳，分外种皮和内种皮。胚乳遗迹位于种皮与胚之间，是一层乳白色薄膜。胚由子叶、胚芽、胚根、胚轴 4 部分组成。

(2) 棉籽的发育 棉籽由受精的胚珠发育而成。在受精后 20～30 天，棉籽体积可达到应有大小。再经 25～30 天，胚与子叶充满种子，并具有发芽力，至吐絮前胚达到完全成熟。轧花后的棉籽外披短茸，称为毛籽。短茸颜色多为白色或灰白色。未成熟棉籽种皮为红棕色或黄色，壳软。成熟的棉花种子是黑色或棕褐色，壳硬。种子的大小用 100 粒棉籽质量（g）表示，称子指。陆地棉的子指多为 9～12g，每千克种子为 8000～11000 粒。

三、棉花繁殖育苗

1. 棉花的直播育苗

全苗是合理密植的保证，壮苗是高产优质的基础。棉花出苗的好坏，与种子、土壤状况、温度、水分、氧气等环境条件密切相关。在生产上，应提前做好播种准备，把好播种关，为棉籽萌发出苗创造适宜的温度、湿度及通气条件，以确保全苗与壮苗。

2. 棉花的基质育苗

20 世纪 50 年代，棉花生产采用棉花基质育苗栽培技术，并开始小面积推广。20 世纪 60 年代，采用的塑料薄膜保温育苗技术，增产效果更明显。经济效益和社会效益的大幅提高使得棉花基质育苗移栽技术得到迅速推广，该技术成为我国一些重点产棉区的主要栽培方式，应用面积在全国约占 45％。

基质育苗繁殖技术的意义如下：

① 能有效延长结铃期。育苗移栽的棉花生育期能提早 15～20 天，早桃数、总桃数、铃重增加，霜前花增加 20％～30％，增产 10％～20％。
② 实现棵矮、节短、稳长多结桃。
③ 抗性强、易成活，有利于保证全苗。
④ 用种少，利于繁育良种。
⑤ 提高复种指数，解决两种作物争地矛盾。

育苗移栽也有其不足之处，如费工、成本高、缓苗期长、易早衰烂桃。

四、棉花生育特点

（一）棉花苗期生育特点

棉花从出苗至现蕾是决定棉花株数的关键时期。棉花苗期要在全苗的基础上促早发、培育壮苗、保证密度。

1. 棉花苗期生育特点及管理

（1）以营养生长为主，开始花芽分化 棉花苗期的生长主要是扎根、长茎和出叶。
（2）地上部生长缓慢，根系生长旺盛 棉花苗期气温较低，地上部生长缓慢。根的生长较快，是这一时期的生长中心。
（3）对肥水的需求不多 棉花苗期地上部茎叶生长缓慢，营养体小，吸收肥水较少。但苗期是不可缺肥的临界期。若缺肥，则棉苗瘦弱，发育推迟。

2. 棉花苗期看苗诊断

看苗诊断是根据棉株长势、长相进行直观诊断，为实施田间管理措施提供依据。长势是指棉株的生长发育速度，如主茎日增量、出叶速度、果节增长速度等。长相是指棉株的外部形态特征，如叶片的大小、色泽、厚度及叶柄的长度、株高、粗度、红绿茎比、果枝数、果节数、结铃数等。

棉花苗期看苗诊断主要是观察主茎粗细、子叶形态、地下根、红绿茎比和叶色等，据此可对苗情进行分类。

（1）**壮苗** 地下根系健壮，白根多，扎得深，分布均匀，出叶快，主茎粗壮，叶色油绿，顶芽凹陷。

（2）**弱苗** 棉苗叶片小，叶色浅，出叶慢，根系浅，茎秆细长。

（3）**旺苗** 棉苗叶片肥大，叶色浓绿，茎秆细长，整个茎秆呈绿色，顶芽肥嫩，易导致病虫害和蕾期疯长。

（二）棉花蕾期生育特点

棉花蕾期是增果枝数、增蕾数、搭丰产架子的时期，在栽培上通过均衡营养生长与生殖生长协调发展、促控结合措施，达到壮而不旺、生长稳健、力求蕾多落少的效果。

1. 棉花蕾期生育特点

（1）**进入营养生长与生殖生长并进时期** 蕾期主要生长茎、叶、枝，同时开始现蕾，但蕾期的光合产物以供应给主茎和果枝顶端生长旺盛部位为主。蕾期棉株的营养生长还明显占优势，生殖生长处于由小变大的过程，是搭建丰产架子的时期。

（2）**棉株根系基本建成** 蕾期棉花主根日均伸长 2～2.5cm，为株高增长速度的 2～3 倍，是棉花根系生长的高峰期。到开花时，棉花根系基本建成，根系吸收能力显著增强。

（3）**干物质积累迅速** 随着棉株营养体的扩大和温度的升高，蕾期棉株干物质积累相应增多，可为大量现蕾结铃奠定物质基础。

2. 棉花蕾期看苗诊断

棉花蕾期看苗诊断主要是观察棉株、果枝和蕾生长速度，红绿茎比，叶色等，据此可对苗情进行分类。

（1）**壮苗** 表现为根系深广吸收旺，株型紧凑，茎秆粗壮、节密，叶色油绿发亮。现蕾后 2～3 天生出 1 个果枝，每 1.5～2 天长 1 个蕾。

（2）**弱苗** 棉株瘦弱，叶片小而黄，果枝伸出慢，棉蕾小，苞叶黄，落蕾多。

（3）**旺苗** 棉株徒长，叶片肥厚浓绿，柄长叶大，蕾小落多，节间长达 7～8cm，初花时绿茎占比为 70% 以上。

（三）棉花花铃期生育特点

花铃期是棉株营养生长和生殖生长并旺的时期，这一时期是决定棉花产量的关键时期，可通过促进棉株健壮生长，长出足够的果枝，延长结铃期，提高成铃率和铃重。

1. 棉花花铃期生育特点

（1）**生长发育最为旺盛** 根系已基本形成，支细根及根毛大量发生；叶面积迅速扩大，叶片光合能力强，茎枝继续较快地生长，大量现蕾开花。盛花期棉株由营养生长为主转变为生殖生长占优势。盛花期的开花量占总开花量的60%~70%。

(2) **需要肥、水最多** 棉花根系处于吸收高峰，需水量占"一生"需水总量的45%~65%，需肥量占"一生"需肥总量的70%以上。

2. 棉花花铃期看苗诊断

棉花花铃期主要是观察单株果枝数、果节数、主茎展开叶片数、株高、日增量、红茎比等，据此可对苗情进行分类。

(1) **壮苗** 开花时株高50cm左右，日增量为2~2.5cm，红茎比70%~80%，单株果枝10条左右，果节25~30个，主茎展叶在16~17片。盛花后仍保持一定的长势，主茎日增1~1.5cm，打顶前降至0.5~1.0cm，红茎比例逐渐加大至90%，最终株高100cm左右。

(2) **弱苗** 植株矮小瘦弱，果枝细短，果节少，花蕾少而小，叶片发黄，株高日增量少，初花期在2cm以下，盛花期不足1cm；初花期红茎比达80%以上，盛花期红茎甚至到顶，早衰，产量低。

(3) **旺苗** 植株高大、松散，节稀，节间长，红茎比小，肥厚叶片少于60%，叶色深绿，花蕾小，脱落多；田间荫蔽，通风透光不良，极易遭受病虫危害。

(四) 棉花吐絮期生育特点

棉花吐絮期是决定铃重和纤维品质的关键时期，应促进棉花早熟，防止早衰、贪青，减少烂铃，增加铃重，实现高产优质。

1. 棉花吐絮期生育特点

(1) **植株的营养生长** 吐絮期棉株营养器官生长逐渐减弱，根、茎、叶的生长逐渐停止；代谢活动减慢，并转为以碳素代谢为中心，体内有机养分的90%供给棉铃发育。此阶段主要进行棉铃膨大、充实和吐絮。

(2) **棉株对肥水的需要降低** 吐絮期棉花吸肥量减少，叶片和茎等营养器官中的养分向棉铃转移而被再利用，棉株吸收的氮、五氧化二磷、氧化钾数量分别占"一生"总量的2.73%~7.75%、1.11%~6.91%、1.16%~6.31%，吸收强度也明显下降。由于气温下降，叶面蒸腾减弱，吐絮期需水量逐渐减少，需水量占"一生"总需水量的10%~20%。

2. 棉花吐絮期看苗诊断

棉花吐絮期看苗诊断主要是观察棉铃充实度、叶色以及果枝、果节生长情况等，据此可对苗情进行分类。

(1) **壮苗** 处暑看双花（下部吐絮，上部开花），青枝绿叶托白絮，叶绿脉黄不贪青；顶部果枝平伸，叶色褪淡，棉铃充实。一般要求顶部3台果枝均长出3~4个果节，果枝长20~30cm。

(2) **弱苗** 顶部果枝伸展不开，上部花弱、花少、铃小，脱落严重，叶色褪色早，叶黄叶薄，落叶早，中部棉铃小，不充实，吐絮不畅。

(3) **旺苗** 植株高大，茎秆青绿，节稀、节间长，赘芽丛生。

任务实施 棉花繁殖育苗技术、田间管理技术及收获

一、棉花繁殖育苗技术

(一) 棉花的直播育苗

棉花直播通过一播全苗，实现早苗、齐苗、匀苗与壮苗。

1. 确定播种期

适时播种能充分利用有效的生长季节，延长有效结铃期，并减少病虫害的发生。棉花的播种期主要取决于气候条件、耕作制度、品种以及播种育苗方式，其中温度为优先考虑的因素。

在黄河流域春季气温稳定地区，一般在终霜期抓"冷尾暖头"，4月中旬播种。春季气温不稳定地区，适宜播种期为4月1日至4月25日。新疆北疆棉区适宜早播，在4月10日至4月20日播种；南疆棉区适宜在早春气温上升快且较稳定时，即在4月5日至4月15日播种。

2. 确定播种量

播种方法、种子质量、留苗密度、土壤气候等不同，其播种量也会不同。一般播种粒数是留苗数的8～10倍。条播每公顷用种量是75～90kg；点播每公顷用种量是35～45kg；精量播种，每公顷用种量则为15～30kg。

3. 播前整地

最适宜植棉的土壤是土层深厚、肥力较高、排水良好、地下水位低的砂质或黏质壤土。生产上应精耕细作，用有机肥施足基肥。

(1) **耕地** 耕地宜在前作收获后立即进行，耕地深度以30cm为宜。未深耕的棉田可进行春耕，但应在解冻后返浆期翻耕，并及时耙耕、保墒。新疆棉区春季大风，土壤水分蒸发强烈，一般要求入冬前翻耕完毕，避免春耕。

(2) **整地** 包括秋冬耕后整地和春季整地。整地的要求包括足墒、平、松、碎、净、齐。

(3) **浇水** 北方棉区冬天雪雨少，春季干旱多风，一般要进行播前贮备灌溉。秋（冬）灌一般在封冻前10～15天开始，直至封冻结束按照每公顷$1200m^3$的量浇足封冻水。

4. 确定播种方式

条播易于控制深度，苗齐、苗全，易保证计划密度。点播节约用种，株距一致，幼苗顶土力强。采用机械条播或定量点播机播种，能将开沟、下种、覆土、镇压等几项作业一次完成。

5. 种子准备

首先要选用良种，选择纯净饱满、生活力强、抗病（或耐病）的优质高产品种。其次种子需要进行处理：晒种，在播种前15～20天选晴天，晒种4～5天，将种子摊均匀、

定时翻动，晒到咬棉籽时有响声为准；浸种，采用55~60℃温水浸种30min；用含有杀虫剂、杀菌剂的药剂进行拌种，目的在于保护棉种不受种外病菌的侵害；用种衣剂对种子作包衣处理，直接杀灭种子所带病菌，防止土传病害以及地下害虫的危害，并能促进棉花生长发育。

6. 合理播种

根据棉花的品种、气候条件、土壤肥力、种植制度确定适宜的播种密度与深度。植株矮小、株型紧凑、果枝短的早熟品种密度应大一些。气候温凉、无霜期较短的地区，密度要大些。雨量多、光热条件好的地区种植密度宜小。土壤肥力低的棉田棉株生长较矮小，应比肥田密度大。粮棉两熟，一般播种期延迟，单株体较小，种植密度应大。根据土质和墒情的不同，播种深度也会不同。一般墒情好的壤土播种深度宜小；墒情差的砂土适宜深播。播种深度要与盖土保持深浅一致，以保证出苗整齐。

(二) 棉花的基质育苗

1. 制备营养钵

(1) **建床** 苗床地应在棉田附近，选择排水良好、管理方便、临近水源、背风向阳的地块。苗床宽度一般以1.3m左右，长度以10m为宜，深度12cm左右，以摆钵盖土后与地面相平为宜。床底铲平，深浅一致，四周开好排水沟。

(2) **配营养土** 以砂质壤土为好。用充分腐熟的饼肥、畜粪肥、人粪尿有机肥料过筛后，按1∶9的比例与熟土配制营养土。若有机肥不足，则需加入少量氮、磷化肥。肥土要掺匀，以防烧苗。

(3) **制钵** 提前1天浇足底水，浇水量以营养土能手捏成团、齐胸落地即散为标准。床土浇水不足，钵土易散；浇水过多，钵土透气性差，易成僵土，不易发苗。制钵时，钵土松紧要适宜。

(4) **排钵** 排钵前，应撒施农药防治地下害虫及其他有害生物。排钵时，按照梅花形紧密排列，钵面要平，钵间应用细土填满，减少水分蒸发；苗床两侧钵需排放整齐，四周也要塞紧泥土。排好钵即可播种。暂不播种则应覆盖薄膜保湿。

2. 播种

播种前须浇透钵水，分次喷洒温水，浇透钵块，以小棍顺利扎透钵块为宜，以利棉籽吸水发芽。播种育苗一般在3月下旬至4月初，日平均气温达10℃时，麦棉套种则在移栽前30~35天播种，夏棉则在5月初至5月中旬育苗。每钵点种2~3粒。播种后，用预先准备好的干湿适中的疏松细土盖种，覆盖厚度1.5~2cm为宜。覆土过薄，棉籽会落干，或棉苗带壳出土，或翘根出土。覆土过厚，棉籽易芽涝或闷种烂芽。覆盖薄膜前需搭建距床面50cm以上的棚架，支架两边应竖直插入土中，棚上盖膜，四周绷紧盖土封严，棚顶用铁丝加固。

3. 苗床管理

苗床管理是培育壮苗的关键，其中核心关键点在于温度和湿度的调控。

(1) **控温** 既要防止高温烧苗，又要防止高温高湿形成高脚苗。可通过调整通风口位置、数量及大小来调整苗床温度。

（2）**调湿**　在浇足底水的基础上，出苗前一般不需浇水，以免湿度过大而导致床温降低或烂种死芽。出苗后也要少浇水，以免造成高脚苗，适宜不旱不浇，若缺水可喷洒。

（3）**间苗**　齐苗后在晴天及时进行间苗，以培育壮苗。

（4）**防病虫害**　注意对蚜虫与蓟马的防治。

4. 移栽

移栽前，要施足基肥、浇足水。移栽时，先封 2/3，再浇水。待水下渗后再封土盖严钵块，并略高于地面。要适时适龄移栽，移栽时的温度条件是以棉苗能否长出新根为主要依据。为提高移栽质量，应在移栽前浇好起苗水，不碎钵伤根。移栽时要轻起轻运。按预定株行距定距栽苗，保证密度，深度要求钵面稍低于地面。

二、棉花田间管理技术

1. 棉花苗期田间管理

（1）**补苗、间苗、定苗**　出苗后有缺苗断行，及时补苗。齐苗后进行间苗。第一次间苗，以叶不搭叶为度；棉苗在 2~3 片真叶时进行第二次间苗。间、定苗要拔除病、弱、虫、杂苗，保留壮、大苗。

（2）**中耕除草灭茬**　中耕要求"早、勤、细"，保持田平、土系草净，盐碱土注意雨后浅松。中耕深度应先浅后深，株旁浅，行间深。

（3）**追施苗肥**　施苗肥，应遵循早施、轻施的原则。土质肥沃的棉田，施足基肥，苗期不施肥。旱薄地、盐碱地和未施足基肥的棉田，应早施苗肥。特早熟棉区，应早施苗肥。

（4）**灌溉排水**　播种前灌溉过的棉田，以中耕保墒为主，苗期不必灌水。如遇干旱，应小水轻浇，还要及时中耕保墒。苗期多雨时，做好排水。

2. 棉花蕾期田间管理

（1）**去叶枝**　棉花现蕾后，需去掉第一果枝以下的叶枝，减少营养消耗，改善棉田通风透光条件，注意不要损伤主茎上的叶片。

（2）**中耕培土**　雨后或灌水后应及时中耕。土壤肥沃、长势旺的棉田，隔行近苗深耕，切断部分侧根，促进根系深扎，抑制地上部旺长。开花前，中耕结合培土，防止倒伏，利于沟灌和排水。

（3）**追肥**　土壤肥沃、基肥足、生长旺盛的棉田，不施或少施速效性氮肥。土壤瘠薄、基肥不足、长势弱的棉田，要适施氮肥。追肥应遵循少量多次施肥的原则。

（4）**灌水**　蕾期灌水要因地因苗制宜。在浇足底墒水的基础上，应适当推迟浇头水的时间和减少灌水量。一般棉田，蕾期灌水赶在收麦之前。高肥力的丰产田，可适当延迟浇头水。干旱棉区，灌好第一次水尤为重要。在雨季，须加强清沟排水工作。

3. 棉花花铃期田间管理

（1）**重施花铃肥**　在棉株基部坐住 1~2 个大桃时，重施花铃肥，以速效氮肥为主。土壤薄、长势弱的棉田应早施、重施。土质肥、生长旺盛的棉田应晚施、少施、深施，后期还可采取根外喷施。

(2) **灌水与排水** 棉花在花铃期进入生育旺盛期,叶面积指数和根系吸收均达高峰,需水量也最大。有伏旱的地区,应适量灌水,但要避免灌水太多,或灌后遇雨而引起棉铃大量脱落。在雨季遇雨要注意排水。

(3) **中耕松土** 棉花开花后根系再生力弱,中耕不宜深,次数也不宜多。应在重施花铃肥后进行中耕松土。在棉花行内覆盖秸秆,既可保墒、防止土壤板结、弥补棉田有机肥,还可增加棉田 CO_2 浓度,提高光合效率。

(4) **整枝**

① 打顶 适时打顶,有利于多结铃,并增加铃重。摘心过早,上部果枝易过分延长,增加荫蔽,抑制中部果枝生长,增加脱落率,徒耗养料;摘心过晚,易导致上部无效果枝增多,消耗养料多,从而减轻早秋桃的铃重。应根据气候、地力、密度、长势等情况决定打顶时间。一般棉区在常年长势正常的情况下,在大暑至立秋摘心为宜。打顶应掌握轻摘、摘小顶,分次进行,先高后低的原则。宜晴天摘心,利于伤口愈合。

② 抹赘芽 抹除赘芽对棉花优质、高产具有重要意义。赘芽丛生消耗养分,影响通风透光,故应及早抹净。

③ 打边心 打边心可控制棉株横向生长,改善通风透光条件,使养料集中,提高铃重,减少烂铃及病虫危害。但是长势不旺、无荫蔽的棉田可不打边心。

④ 剪空枝、摘除无效蕾 立秋后应剪去无蕾铃的果枝,摘除8月中旬以后长出的无效蕾。

4. 棉花吐絮期间管理

(1) **灌排水** 当连续干旱10~15天,土壤含水量低于田间最大持水量的55%时应立即灌水。但应水量少,以免造成土壤水分过多,贪青晚熟,增加烂铃。如遇雨较多时,应及时清沟排渍,降低田间湿度。

(2) **整枝和推株并垄** 在吐絮后,及时打去枝叶茂盛荫蔽棉田的老叶、赘芽,剪除上部空果枝。同时趁墒将相邻行棉株分别向左右两边推开,使棉株倾斜。

(3) **化学催熟** 在贪青晚熟的棉田,喷洒乙烯利,喷洒时间一般为当地枯霜来临之前20天左右,喷洒度以 500~1000mg/L 为宜。

(4) **根外喷肥** 肥力不足棉田可在吐絮初期根外追施1%尿素、1%的磷肥或0.2%磷酸二氢钾溶液。

三、棉花的收获

棉花根据收获方法的不同可以分为机械收花和人工收花两种。

机械收花为集中一次性收获。在采收前,可以使用乙烯利对棉花脱叶催熟,减少污染。人工收花可实现多期、分期进行,一般在棉铃裂嘴6~7天后采摘。但若在采收时遇到下雨,则必须抢在下雨前采摘,生产上可安排每7~9天采摘1次。采摘应选在晴天晨露干后进行。

由于棉铃成熟时期和纤维品质不同,收摘时必须把好花、次花区分开来,以保证棉花的分级售价。

(1) **分收** 为了区别棉花的品级,对不同部位的棉花要实行分期、分批采收。并在分次收花时,将好花、坏花分开采收;霜前、霜后的花也要分开采收;田间收的花与剥棉桃收的花要区分采收。采装时要用布做的袋盛装,防止其他纤维混入,而影响质量。

(2) **分晒**　刚采收的籽棉含水一般较多,须晒干后才可贮藏。可用帘架晒花,既可避免混杂,又利于籽棉干燥,还可随时清拣非本级籽棉及杂质。晒花标准以口咬棉籽有清脆响声、手摸纤维干燥为宜。若遇连续阴雨天气或日照不足时,则应设法烘干。

(3) **分存**　分期采收的棉花应标明时间,并分别存放,避免混杂,防止受雨受潮。

(4) **分售**　不同品级的籽棉要分级出售,以最优棉价出售,实现收益最大化。

技能训练 1　棉花叶枝、果枝的识别

一、实训目的

通过实训,学生能够识别棉花叶枝与果枝,激发学生学习、了解棉花形态特征的积极主动性。

二、材料用具

现蕾期的棉田。

三、内容方法

1. 形态观察

棉花分枝是由腋芽发育形成的。果枝是能直接形成蕾铃的分枝,叶枝是不能直接现蕾结铃的分枝。第三至第五叶的腋芽多形成叶枝或赘芽;第五至第七叶及以上的腋芽分化发育后形成果枝。

2. 棉花叶枝与果枝的区别

棉花叶枝与果枝的主要区别

项目	叶枝	果枝
发生部位	主茎的第3～5节	主茎的第5～7节及以上
与主茎夹角	夹角小、呈锐角	夹角大、近乎与主茎垂直
蕾铃着生方式	间接着生在二级果枝上	直接现蕾、开花、结铃
叶的着生方式	每3叶轮生	左右对生
节间伸长	第一节间不伸长,其余各节间伸长	奇数节间不伸长,偶数节间伸长
枝条形态	单轴分枝(枝条直线形)	合轴分枝(枝条弯曲)

四、作业

正确识别棉花的叶枝与果枝,并书写实训报告。

五、考核

根据学生操作的熟练程度、准确度、实训报告书写质量以及实训表现等确定考核成绩。

技能训练 2　棉花营养钵育苗技术

一、实训目的

掌握棉花营养钵育苗技术要领,熟悉操作程序。使学生在棉花营养钵育苗技术过程中培养吃苦耐劳的精神。

二、材料用具

建床农具、营养土、棉籽、塑料膜、棚架等。

三、内容方法

1. 制造营养钵

(1) **建床**　苗床地应在棉田附近,选择排水良好、管理方便、临近水源、背风向阳的地块。苗床宽度一般以 1.3m 左右,长度以 10m 为宜,深度 12cm 左右,以摆钵盖土后与地面相平为宜。床底铲平,深浅一致,四周开好排水沟。

(2) **配营养土**　以砂质壤土为好。用充分腐熟的饼肥、畜粪肥、人粪尿有机肥料过筛后,按 1:9 的比例与熟土配制营养土。

(3) **制钵**　提前 1 天要浇足底水,浇水湿度达到营养土能手捏成团、齐胸落地即散即可。钵土松紧要适宜。

(4) **排钵**　排钵前,应撒施农药防治地下害虫及其他有害生物。按照梅花形紧密排列,钵面要平,钵间应用细土填满。苗床两侧钵排放整齐,四周塞紧泥土。

2. 播种

(1) **浇水**　播种前须浇透钵水,分次喷洒温水,浇透钵块,以小棍顺利扎透钵块为宜。

(2) **播种**　每钵点种 2~3 粒。

(3) **覆土**　播种后,用预先准备好的干湿适中的疏松细土盖种,覆盖厚度 1.5~2cm 为宜。

(4) **盖膜**　搭建 50cm 以上的棚架,在棚架上覆盖薄膜,四周绷紧盖土封严,棚顶用铁丝加固。

四、作业

书写实训报告。

五、考核

根据学生操作的熟练程度、准确度、实训报告的质量,学生实训表现等确定考核成绩。

技能训练 3　棉花整枝修剪技术

一、实训目的

掌握棉花整枝修剪的技术要点，熟悉操作程序。在修剪过程中，培养学生发现问题、解决问题的能力。

二、材料用具

处于蕾期、花铃期的棉田和剪刀等。

三、内容方法

(1) **去叶枝**　棉株现蕾后，识别出叶枝与果枝，去除第一果枝以下的叶枝，去除时要注意不要损伤主茎上的叶片。对于地边、地头或缺苗处的棉株可适当保留 1～2 个叶枝。

(2) **去赘芽**　将主茎及分枝上的赘芽及时去掉。要求：抹早、抹小、抹了。

(3) **打顶**　去除顶端优势，摘掉主茎的顶心，促进果枝发育。根据棉花长势、密度、蕾期等来确定打顶的时间。

(4) **打边心**　为控制果枝的无限生长，需去除果枝的顶心。

(5) **打老叶**　在棉花中后期，需分批去除主茎中部以下衰老叶片。

(6) **修剪果枝空梢**　在盛花期后，去除中部以下的空果枝、果枝空梢。

四、作业

掌握棉花整枝技术要点，反复练习，书写实训报告。

五、考核

根据学生操作的熟练程度、准确度，实训报告的质量，学生实训表现等确定考核成绩。

 技能训练 4　棉花测产

一、实训目的

学会预测分析棉花产量，便于对棉花生产进行分析总结。教导学生不仅要学习知识、技能，还要懂得分析总结。

二、材料用具

不同类型的棉田、估产用表、卷尺、计算器等。

三、内容方法

(1) **测产时间**　选择合适的测产时间，一般在棉株结铃基本完成、下部 1～2 个棉铃吐絮时适宜。至 9 月 10～15 日时，棉花的有效铃数已基本确定。因此可在 9 月中、下旬进行测产。

(2) **抽样选取测产**　在测产前，应先将预测棉田分为好、中、差 3 个等级。取样点要有代表性与随机性，样点数目取决于棉田面积。一般情况下采取对角线五点取样法。

(3) **测定每公顷收获株数**　横向连续测量 11 行的宽度，除以 10，求出平均行距，纵向测 30～50 株距离，求平均株距。计算出每公顷棉田的棉株数。

(4) **测单株铃数**　每点连续测 10～30 株的结铃数，求出单株平均结铃数（以横向看铃尖已出苞叶的棉铃为标准，并且直径在 2cm 以上的棉铃为大铃，包括吐絮铃和烂铃；比大铃小的棉铃以及当日花都为小铃，将 3 个小铃折算为一个大铃）。

(5) **测单铃重**　每点摘取 20 朵充分开裂的棉花并称其重量，求出平均单铃籽棉重，以克（g）为单位。

(6) **计算每公顷的皮棉产量**　根据公式计算出皮棉产量：

$$每公顷皮棉产量(kg) = \frac{每公顷总铃数 \times 平均单铃重(g) \times 衣分(\%)}{1000}$$

四、作业

书写实训报告。在实训报告中填入，并分析测产结果，从而提出棉花培育管理的改进意见。

五、考核

根据学生操作的熟练程度、准确度，实训报告的质量，学生实训表现等确定考核成绩。

任务二　甘薯生产技术

 任务目标

知识目标：① 了解甘薯的器官形态及其形成。
　　　　　② 理解甘薯块根的形成和膨大过程。
　　　　　③ 掌握甘薯育苗操作规程。
技能目标：① 会进行甘薯育苗繁育技术。
　　　　　② 掌握甘薯各发育期的田间管理技术措施。
素养目标：① 培养学生主动积极种植甘薯实践操作的意识以及吃苦耐劳的精神。
　　　　　② 激发学生的学习兴趣。

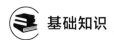 **基础知识**

一、甘薯的生育期与阶段发育

1. 甘薯的生育期

甘薯的"一生"是指从栽插到收获所经历的时间,也称为甘薯的生育期。生产上,甘薯主要是无性繁殖,块根没有明显的成熟期。因品种、栽插时期、收获时间的不同,生育期长短差异很大。

2. 甘薯的生育阶段

甘薯"一生"可分为发根缓苗期、分枝结薯期、茎蔓盛长期和回秧收获期等4个阶段。

(1) **发根缓苗期** 指从栽插后长新根开始到长出新叶经历的时间。甘薯以纤维根生长为主,叶生长缓慢。到主茎产生分枝时根系基本形成,达到总根量的60%~70%,地上茎叶仅占"一生"总量的4%~5%。

(2) **分枝结薯期** 指从主茎产生分枝到茎叶封垄经历的时间。此期甘薯茎叶生长量达到"一生"总量的80%~90%,地下部块根形成,单株薯块数基本确定。

(3) **茎蔓盛长期** 指从茎叶封垄到叶生长高峰所经历的时间。此期茎叶生长旺盛,渐达高峰,块根进入膨大期。

(4) **回秧收获期** 指从叶基本停止生长到块根收获所经历的时间。薯块大小及单薯重最终确定。

二、甘薯的器官建成

1. 甘薯的根

(1) **块根** 块根是贮藏养分的器官,也是供食用的部分。地下茎顶分枝末端膨大成卵球形的块根呈纺锤形、圆筒形、椭圆形和球形,是养分的贮藏器官,也可作繁殖器官使用。多分布在10~15cm土层处。块根的皮色大体以紫、红、黄、褐、白为主,在土壤水分少、通气良好的条件下,皮色变得浓而鲜艳。肉色以红、橘红、杏黄、黄、白为主。肉色橘红、杏黄的品种,胡萝卜素含量高,维生素丰富。

(2) **柴根** 又称为梗根。长约30cm,粗1~2cm。柴根是块根形成后,由于增粗过程受阻而形成的产物。柴根只消耗养分,没有经济价值,生产上应加以控制。

(3) **须根** 细长多分枝,为吸收水分、养分的主要器官。分布浅,大多分布在30cm内的土层中。须根越发达,吸收水分和养分的能力越强,茎叶生长也就越旺盛。但是,在排水不良或氮肥过多的情况下,须根生长过旺,会引起茎叶徒长,造成薯块减产。在适宜的条件下,粗壮的须根也能形成块根。

2. 甘薯的茎

甘薯的茎分为匍匐性和半直立性,有分枝,呈疏散型,叶层厚。茎的长短、粗细、光泽、节间长短及生长等因品种和栽培条件的不同而有差异。茎分为绿、绿带紫、紫、褐色等。茎内含有白色乳汁，乳汁多的茎粗壮。茎顶芽含植物生长激素较多，顶端优势强，萌芽快。节间处有腋芽，腋芽萌发长成分枝，茎节着地易于生根。茎左旋，基部有刺，被"丁"字形柔毛。

3. 甘薯的叶

叶互生，无托叶。叶分为心脏形、三角形、掌状等。叶缘分为全缘、带齿、浅单缺刻、深单缺刻。叶色有绿、浅绿、紫色等。叶片背面叶脉颜色分淡红、红、紫、淡紫和绿色等。

4. 甘薯的花

雄花序为穗状花序，单生，长约15cm，雄花无梗或具极短的梗，通常单生，稀有2~4朵簇生，排列于花序轴上；苞片卵形，顶端渐尖；花被浅杯状，被短柔毛，外轮花被片阔披针形，长1~8mm，内轮稍短；发育雄蕊6，着生于花被管口部，较裂片稍短。雌穗状花序单生于上部叶腋，长达40cm，下垂，花序轴稍有棱。

5. 甘薯的种子

种子圆形，具翅。着生1~4粒褐色的种子。

三、甘薯育苗

甘薯是喜温短日照作物，在我国北方往往不能开花结实，难以用种子繁殖，生产上主要利用营养器官繁殖。甘薯具有繁殖能力的器官主要有块根、茎蔓、叶片等，生产上多利用块根育苗和茎蔓栽插繁殖。选用适宜的育苗方式，适时育足无病壮苗，是保证甘薯早栽、高产的基础。

(1) **加温育苗** 加温育苗采用煤炭、柴草等为苗床提供能量。苗床受热均匀，调温方便，甘薯出苗快、育苗量大，适于中国北方大面积种植甘薯的地区。

(2) **酿热温床育苗** 酿热温床利用微生物分解有机肥提供能量。一般在育苗前期温度较高，后期温度低。块根出苗快，采苗数量少，但苗床管理方便。

(3) **露地育苗** 露地育苗是白天利用太阳能增温，夜间覆盖草毡保温，不便调节温度、出苗慢且少，但秧苗粗壮。

(4) **电热温床育苗** 普通电热温床底部铺放保温层即稻草、麦秸或锯末8~10cm，铺塑料膜，放细砂土10cm，铺营养土8~10cm，电热线埋在细砂和营养土之间。苗床受热均匀，调温方便。

四、甘薯生育特点

(1) **甘薯发根缓苗期生育特点** 甘薯发根缓苗期是指从栽插到分枝所经历的时间，为1个月左右。此期生长中心在地下部，主要是不定根的生长，根系基本形成，占"一生"总根量的60%~70%。块根开始分化形成。地上部主茎生长慢。

(2) **甘薯分枝结薯期生育特点** 甘薯分枝结薯期是指从分枝到茎叶封垄所经历的时间。春甘薯30~40天，夏甘薯25~30天，此期生长部分块根开始膨大。分枝结薯期田间管理的主攻目标是促进茎叶迅速生长，争取早结薯、多结薯。

(3) **甘薯薯蔓盛长期生育特点** 甘薯薯蔓盛长期是指从封垄到茎叶生长达到高峰所

经历的时间。春甘薯 30~40 天，此期的前半期生长中心在地上部，茎叶生长快，渐达最大值，块根生长较慢，容易出现茎叶旺长现象。后半段中心下移，茎叶生长减慢，块根开始迅速增大，该段甘薯生长量大、需肥水较多。薯蔓盛长期田间管理的主攻目标是促控结合，协调甘薯地上、地下部关系。保证茎叶生长，促进块根膨大。

(4) **甘薯回秧收获期生育特点** 甘薯回秧收获期是指从茎叶生长高峰到收获所经历的时间。此期甘薯生长中心在地下部，茎叶生长逐渐停止，且出现衰退现象、块根迅速膨大。回秧收获期是争取薯大、薯重、品质好的关键时期，该阶段植株生长量减少，需肥水较少。回秧收获期田间管理的主攻目标是防止茎叶早衰，促进块根膨大。

❋ 任务实施　甘薯育苗栽培技术、田间管理及收获贮藏

一、甘薯育苗技术

1. 定苗地

育苗地应选在背风向阳、排灌良好、土壤深厚肥沃、管理方便、不易遭受意外损失的地方。发病的旧苗床最好不用，如使用，应严格消毒。苗床以东西走向为好，利于接受更好的阳光，增加床温。

2. 薯种上床

(1) **确定薯种**　每平方米苗床可排薯种 18~27kg，由此确定苗床面积和薯种用量。

(2) **精选薯种**　为防止病害、减少品种混杂、提高育苗质量，薯种应在出窖前、浸种前、上炕时严格精选。选择健壮无病、具有本品种特征、大小适中的甘薯作种，剔除受冻害、冷害、湿害、病害和破伤的薯块。

(3) **薯种处理**　温汤浸种：将薯种放入 50~55℃ 的温水中，不要露出水面，2min 后水温下降，保持水温 51~54℃，再浸泡 8min，可以防治黑斑病、茎线虫病。水温和浸泡时间必须严格掌握，否则会引起病菌扩展，发病更重。

(4) **确定排种时期**　薯种适时上床是培育壮苗、确保大田适时栽插的前提。排种时间根据育苗方式、大田栽插期确定。一般当气温稳定在 7~8℃ 时开始育苗。

(5) **选择排种方法**　排种即把薯种摆放在苗床的床土中，以利发芽出苗，床土选择肥沃、无病菌的砂壤土，床土厚度以 5~8cm 为宜。排种前，火炕将床温预热到 30~35℃，温床可待床温稳定在 25℃ 以上再排种，以高温催芽，缩短育苗时间。

大小薯分开排，大薯排在温度较高的苗床中部，小薯排在温度较低的四周，并掌握"大薯密排、小薯稀排"的原则。长薯斜排，小薯直排，过长的薯种掰成两段排，使所有薯种头部在同一水平面上，以利出苗整齐。

排种后，撒一层砂土，填充薯种空隙。用 40℃ 左右的温水将床土浇透，水下渗后，覆砂土 3cm 左右，以固定薯种、保温、通气。最后盖塑料薄膜和草苫提温、保温。

3. 管理

苗床管理的中心任务是调节床温、浇水、晾苗和追肥，促进薯苗早长快发，防止病薯、烂床，培育壮苗，保证大田的适期栽插。

(1) **前期管理** 从排种到出苗，以升温促芽为主，为高温催芽阶段。经 8～9 天幼芽出土，以后降温至 30～32℃，促秧苗生长。出苗前一般不浇水，如干旱，可浇小水湿润。小芽拱土时，可浇大水，防止芽尖萎蔫。

(2) **中期管理** 从出苗到采苗前 5～6 天，以保温长苗为主，为平稳长苗阶段。出苗后，床温应从 30～32℃ 降至 28～30℃。齐苗后降至 22～25℃，既促进薯种出苗，又有利于薯苗生长，温床在白天注意通风，防止烈日高温烤苗，夜间加盖草苫，防止苗床温度过低。此期可适当浇水，保持床土湿润。

(3) **后期管理** 从采苗前 5～6 天到采苗，以降温、促壮苗为主，为低温炼苗阶段。床温在采苗前 3～5 天内降至 20℃，以后逐渐揭膜，使薯苗适应田间自然条件，增强其抗逆性。采苗前 5～6 天浇一次大水，以后停止浇水，进行蹲苗。

(4) **采苗和采苗后管理** 当苗高 20cm 时，应及时剪苗。应在距床土 3cm 处采苗，避免伤薯根，还能避免病菌污染伤口，减少烂床现象发生。采苗当天不浇水，升温至 30～32℃，以利伤口愈合；第二天浇水施肥，每平方米追施硫酸铵 80～100g。

二、甘薯栽培技术

1. 栽插前准备

(1) **整地** 土层深厚、肥沃、通气好的土壤更有利于甘薯高产、优质。春甘薯一般宜在冬前或早春整地，耕作深度以 25～33cm 为宜。有条件的可结合春灌，早春起垄。春甘薯垄距一般为 70～80cm，垄高 20～30cm。夏甘薯在前作收获后抢时耕地，随耕起垄。夏甘薯垄距 60～80cm，方向以南北向为好，坡地的垄向要与斜坡垂直，以防水土流失。

(2) **施肥** 以有机肥料为主，化肥为辅。一般每亩施优质腐熟有机肥料 3000～5000kg，优质生物有机肥每亩 50～70kg，甘薯配方肥 60～70kg。对酸化严重的地块，可每亩施入生石灰 60～80kg。

(3) **适时栽插** 栽插的原则是力争适时。甘薯早栽，生育期延长，块根形成早、膨大早，落根数量多，体积大，产量高，品质好。这也是夏甘薯不如春甘薯产量高的原因之一。春甘薯以 5～10cm 地温稳定在 17℃ 时为栽插适期，北方春甘薯区多在 4 月下旬至 5 月上旬栽秧。夏甘薯生长期短，应力争抢时栽插，尽可能在麦收后 10 天内栽完，不能晚于夏至。夏至后，每晚栽 1 天，减产 2% 左右。

(4) **选择壮苗** 甘薯壮苗比弱苗一般增产 5%～7%，因此要选用壮苗，剔除病、弱、黄、伤苗。大小苗分开栽插，是甘薯增产的有效途径。夏甘薯应特别选用带顶芽的头苗，发挥其顶端优势，提高成活率。

2. 甘薯秧苗栽插

甘薯有垄作和平作两种种植模式，依据秧苗、土壤、栽插时期等，主要分直栽法、斜插栽法、水平栽法等几种栽插方法。

(1) **直栽法** 秧苗较短，17～20cm，直插入土 10～13cm。地下 2～4 节，入土深、易成活、抗旱、省工，但深层节位不结薯或结小薯，只在近地表 1～2 节结大薯，单株结薯少。

(2) **斜插栽法** 秧苗较长，基部弯压成钓钩状或船底状，入土 5～7cm。秧苗入土较深,易成活,较耐旱。秧苗中部节位结薯少,而两头结薯多而大。

(3) **水平栽法** 秧苗较长,秧苗水平入土,浅栽(3cm)。入土节数多,结薯多,但不耐旱,用苗多。

三、甘薯田间管理

1. 甘薯发根缓苗期田间管理

(1) **查苗、补苗** 栽插后3～5天,查苗补栽。补栽时要选壮苗、施窝肥,促苗生长。

(2) **中耕除草** 中耕2～3次,以利茎叶早发,早结薯。垄沟深锄,垄背浅锄。秧苗返青后,第一次中耕,松土提温,中耕深度3cm左右。雨后或浇水后及时中耕,深度为6～7cm。

(3) **追肥** 对于瘠薄地或未施基肥的地块,结合查苗补栽,追施少量速效氮肥,以促进茎叶生长,一般每公顷施45～75kg硫酸铵。对于肥沃地、基肥足的地块,不必普施,只对弱苗、小苗偏施提苗肥,肥量为每公顷22～25kg硫酸铵。

(4) **浇水** 此期甘薯较耐旱,需水少。一般不需要浇水。但土壤干旱时,可隔沟轻浇,防大水漫灌。

2. 甘薯分枝结薯期田间管理

(1) **中耕除草、培土** 中耕松土有利于茎叶生长和块根形成。中耕宜浅,一般不超过3～4cm,保持原垄形状。不伤根,不串沟培土。垄前结合最后一次中耕,修沟培土,不培垄顶,以免薯块埋土太深,对块根膨大不利造成减产。

(2) **施壮株肥** 一般在栽插后3～4天施硫酸钾或草木灰,瘠薄田早施、多施,肥沃田晚施、少施或单独施用钾肥,以免茎叶旺长,结薯过晚,追肥要结合浇水、中耕进行。

(3) **浇好促秧水** 应及时浇水,以水调肥,促甘薯早分枝、早结薯,减少牛蒡根。浇水宜采取隔沟顺垄细水慢灌、灌水量不过半沟的方法,浇水后中耕提温、保墒。

3. 甘薯薯蔓盛长期田间管理

(1) **追肥** 前一阶段已追肥的地块,此期不再追肥。如表现缺肥,追肥应以钾肥为主,一般每公顷追施硫酸钾300～375kg。

(2) **排涝与防旱** 如土壤干旱应及时隔沟浇水,水量不要超过垄沟的一半。如遇雨积水,最好当天排去,以免茎枝徒长,块根腐烂。

(3) **田间拔草** 高温雨季,杂草激生,与甘薯肥水竞争激烈。此期中耕会破坏垄形,改变块根周围温度,影响块根分化、膨大,牛蒡根增加。此期田间杂草以人工拔除为好。

(4) **防治食叶害虫** 斜纹夜蛾、天蛾、造桥虫、卷叶虫等危害甘薯叶片,应将害虫消灭在3龄以前。

(5) **控制茎叶徒长** 茎叶徒长会使大量养分消耗在地上部,块根膨大慢,小薯、牛蒡根增多。控制茎叶徒长除合理肥水,控氮增磷、钾肥外,也可采用提蔓、化学控蔓的方式。提蔓即把甘薯茎枝提起,待茎上不定根断开后,放回原处,不翻转茎蔓。传统的翻蔓控旺措施以损伤茎叶、削弱叶片光合性能、减少块根养分分配、增生新根为代价,造成甘薯减产。

4. 甘薯回秧收获期田间管理

(1) **追保秧肥** 瘠薄地或脱肥田回秧快，容易出现早衰现象，块根膨大慢。追施少量氮肥，可以延缓茎叶衰老，有明显的增产作用。一般每公顷追施硫酸铵75～112kg，兑水500kg或施腐熟人粪尿3750kg，兑水7500kg，从垄缝浇入。中等地力以上地块，不宜追氮肥，以免茎叶徒长、贪青。

(2) **追催薯肥** 回秧后，甘薯生长特别是块根膨大需要的磷、钾素较多，保证充足磷钾肥供应是促进块根产量的重要途径。缺磷、钾地区，一般每公顷喷施0.2%～0.5%过磷酸钙浸出液、0.2%磷酸二氢钾溶液1250～1500kg，每10～15天喷1次，连喷1～2次。

四、甘薯收获及贮藏

(1) **收获** 甘薯"一生"都在进行营养器官的生长，没有生殖器官的发育。适时收获既要争取块根产量，又要避免遭受低温冷害。生产上一般在地温降至18℃时开始收获。收刨最好选在晴天进行，早晨割秧晒田，上午采收，下午入窖贮藏。不要在地里过夜，以免受冷害。收时要轻刨、轻装、轻运、轻放，严防薯皮受伤。

(2) **贮藏前准备** 贮藏地点要求彻底消毒，消毒药剂可用生石灰或者硫黄粉。

入窖贮藏的甘薯，要求精心挑选，大小分开，有条件的可以用药剂处理。

(3) **贮藏** 贮藏期间要求温度保持在13～15℃，空气相对湿度为85%～90%，通气良好，氧气含量不低于8%。最主要的任务是把甘薯的有氧呼吸控制在最低限度，减少物质消耗，防止腐烂。温度低于12℃并维持一段时间，甘薯则发生冷害。温度在-1～2℃时，薯块内部结冰，容易发生冻害。

井窖贮藏法：建于地下，深约5m，具有建造容易、使用年限久、保温好、管理简单等优点。但通气不良，贮藏量小。适于土质坚实、地下水位低的地区。下窖时应注意安全，防止缺氧窒息。

棚窖贮藏法：建于半地下，深1.5～2m，上部搭棚。建造简单省工，管理方便，但占地面积大，保温性差。适于地下水位高或土质疏松的地区。

技能训练1 甘薯栽插方式

一、实训目的

掌握甘薯不同的栽插方式，学会田间具体操作技术。

二、材料用具

薯苗、锄头、剪刀、铁锹、米尺、小刀、天平、瓷盘、烘箱等。

三、内容方法

春薯（5月上旬栽插）或夏薯（6月上旬至6月中旬）薯苗；垄作或平作；采取不同栽插方式：直栽、斜插栽、钓钩式栽、水平浅栽、船底栽法，进行观察。

① 组织学生在田间用各种方法栽插薯苗。

② 接近收获时，在田间选择每种栽插方式中具有代表性的样段，每种连续取样 10~20 株挖根进行调查，观察其结薯深度。

四、作业

完成实训报告。

五、考核

根据学生操作的熟练程度、准确度，实训报告的质量，学生实训表现等确定考核成绩。

技能训练 2　甘薯田间调查与室内考种

一、实训目的

掌握田间调查与室内考种的具体操作技术。

二、材料用具

地块、薯苗、锄头、剪刀、铁锹、米尺、小刀、粗天平、瓷盘、烘箱等。

三、内容方法

1. 田间调查

在田间选择具有代表性的样段，每种连续取样 10 株挖根进行调查，观察其结薯情况。

2. 室内考种

在田间选择具有代表性的样段，每种连续取样 10 株，送到实验室检验。

四、作业

完成实训报告。

五、考核

根据学生操作的熟练程度、准确度、实训报告的质量，学生实训表现等确定考核成绩。

技能训练 3　甘薯冷害、冻害的辨别

一、实训目的

能够辨别甘薯冷害、冻害，了解两者在甘薯生产上的危害。

二、材料用具

受冷害薯块、受冻害薯块、正常薯块、小刀、放大镜、铅笔等。

三、内容方法

1. 冷害、冻害的原因

温度低于9℃，并维持一段时间，甘薯则发生冷害。温度在－1℃以下时，薯块内部结冰，发生冻害。冷害、冻害都能引起甘薯腐烂。

2. 冷害、冻害发生的时期

冷害发生时期有两个：一是收刨过晚，在窖外受冷害；二是贮藏期间保温条件差，在窖内受冷害。冻害主要发生在甘薯贮藏期间。

3. 受冷害薯块的特征

受冷害的薯块，先是由青绿色变为暗褐色，然后干腐；其后首尾腐烂；最后薯块中部腐烂，横切面缺少乳汁。受害轻的薯发生"硬心"，受害重的薯块有苦味，薯内维管束附近出现红褐色，后变为棕褐色。薯块呈水渍状，发软，挤压有褐色清液流出。受冷害薯块发生腐烂，需要一定时间。在受冷害温度范围内，温度越低，持续时间越长，受冷变腐越快、程度越重。

四、作业

完成实训报告。

五、考核

根据学生操作的熟练程度，准确度，实训报告的质量，学生实训表现等确定考核成绩。

任务三　烟草生产技术

任务目标

知识目标：① 了解烟草的"一生"。
　　　　　② 掌握烟草的生长发育特征。
技能目标：① 会进行烟草育苗繁育技术。
　　　　　② 能掌握烟草各发育期的田间管理过程。
素养目标：① 培养学生主动种植烟草并进行实践操作的意识以及吃苦耐劳的精神。
　　　　　② 激发学生的学习兴趣。

 **基础知识**

一、烟草苗床阶段生育时期

1. 出苗期

播种到出苗所经历的时间为出苗期,其衡量标准是两片子叶展开。出苗期长短与播种时催芽方法有直接关系。催芽播种3～5天,未催芽播种7～8天,露地直播10～15天。出苗期的营养特点:两片子叶破土而出,能进行光合作用,是异养到自养的过渡,出苗后自养开始。影响出苗的因素主要是播种质量,特别是播种后覆土不能过厚。

2. 十字期

从第一片子叶出生到第三片真叶出生,这时两片子叶与两片真叶呈"十"字形,因此称为十字期。其特点为:叶片进行光合作用慢。该期根系有一级侧根发生,二级侧根也可看到。管理上主要是保持最大持水量50%～60%,要避免高温烧苗。

3. 生根期

烟苗从三片真叶到七片真叶的时期为生根期。特点:叶片网脉已明显形成,输导系统也趋于完善,幼苗合成能力已大为提高;地上部叶片分化完整,根系生长活跃,二级侧根出现;根系的粗度、宽度和深度加大,三级、四级侧根出现。据测定:生根期,一级侧根60条,二级侧根140条,三级侧根200条,根干重70～80mg,根系深10～11cm,根系宽10cm。

生根期是培育壮苗的关键时期。温度需保持在20～25℃,水分保持土壤最大持水量的60%左右。如出现叶片发黄,表现营养不足可适当追肥,适当揭膜炼苗。生根期应以促根系发展为主,适当照顾地上部,可适当控制水分促进根系生长。因为适当减少水分,可降低幼苗细胞内的水分饱和度,同时有利于控制地上部生长,使茎围变粗,也有利于控制叶片的扩大,缩小蒸腾面积,使整个烟株机械组织发达,为壮苗奠定基础。控制以后,细胞渗透值增加,可增强幼苗的保水保肥能力,更能促进某些酶的活动,增加亲水胶体的含量,使幼苗向有利生长发展。生根期苗床水过多,则主根入土浅,侧根少而地上部分茎叶徒长,会破坏幼苗生长平衡。水分过少,则主根过深,对培育健壮幼苗不利。促根系生长除控制水分外,还需要良好的光照。应适当晒苗、及时定苗,调节个体与群体的矛盾,为培养壮苗打下基础。

4. 成苗期

成苗期指7片真叶以后至移栽的时间。该期幼苗合成能力强大,生长快,叶片出生及叶面积扩大也迅速;叶片具有明显的脉纹,茎生长显著。但该期应当控制叶片生长,有利于培育壮苗,水分过多易形成猛长,而幼苗地上部组织疏松,细胞含水量增加,抗逆性弱,栽后缓苗慢,光照不足,光合产物也少,导致植株生长不健壮。为此成苗期应以控制地上部生长为主,控制苗床水分,降低幼苗的含水量,使茎叶组织致密,增加幼苗体内有机物质的含量,并加长光照时间,逐渐锻炼至适合于大田生长。其各项技术措施都要围绕蹲苗为主,以达到幼苗健壮的目的。

各时期对氮（N）、磷（P）、钾（K）吸收变化是：十字期吸收 N、P、K 为 2%～3%；五叶前对 N、P、K 吸收少；七叶时对 N、P、K 吸收逐渐增加；成苗期对 N、P、K 吸收达高峰。总变化为：前期吸收 N、P、K 缓慢；中后期增加；后期对 K 的吸收最多，其次是 N，最少是 P；幼苗期吸收 N、P、K 比例为 8：11：（12～17）。

二、大田烟草生长

1. 根的生长

移栽起苗时，根系受到损伤，若浇水多管理好、保证移栽质量，秧苗 3～5 天即能恢复正常生长。根系生长变化规律是前期生长量大，生长速度快。即从育苗的生根期到大田的团棵期为根系生长的第一次高峰期。从团棵到打顶前根系生长量增加幅度小，生长速度慢。打顶后到圆顶根系生长又加速，出现第二次高峰。圆顶到成熟，根系逐渐衰老。移栽 35 天左右根系较深，现蕾期根系深达 1～1.5m。

根系生长好坏与环境条件相关。首先受到土壤质地、酸碱度、土壤温度和土壤水分的影响，其次是受栽培技术中的育苗技术、中耕培土、施肥、灌水、打顶抹杈、种植密度、化学物质的影响。在土壤质地方面，土壤较肥沃的砂壤土，土层深厚结构良好，通透性好，保水保肥能力强，对烟株生长良好；黏重土壤，结构过紧，通透性较差，给烟株生长带来不利的影响；而砂质土壤砂粒过大易漏水漏肥，水肥流失较重，对烟株生长不利。在土壤酸碱度方面，烟草生长在 pH 值 5.5～6.5 之间易达到优质适产。在土壤温度方面，根系生长的最低温度为 7℃，最适温度为 31℃，最高为 43℃。7～25℃根系生长速度缓慢，25℃以上生长加速，致死低温在 1℃以下。在土壤水分方面，烟草根系生长要求土壤相对含水量为 60%～70% 为宜。当土壤相对含水量在 40% 时根系生长不良，根系生长受阻。超过 70% 达到 80% 时对根系生长也不利。

2. 茎的生长

烟草在苗床期到移栽前，茎的生长表现不明显，移栽后其生长较明显。

3. 叶的生长

叶由顶芽产生，一般叶原基生长成叶片需 14～16 天。

三、大田烟株干物质积累规律

大田烟株干物质积累规律呈"S"曲线，即前期积累小，中期多，后期少：缓苗期干物质积累少，团棵期干物质积累加快，旺长期达高峰，现蕾期至圆顶期干物质又增加，圆顶期至采收前干物质积累加强，采收时干物质积累减弱。干物质积累过程中，无论哪个时期，叶的积累量最大，茎、根较小。

烟草的生长特点：缓苗期到团棵期，生长中心是地下部，根系充分生长，地上部生长缓慢，干物质积累多；旺长期从地下部转移到地上部，叶旺盛生长，叶片数增加，叶面积扩大，植株体内物质积累加快，旺长期结束，达最高峰；现蕾期后生长速度下降，体内干物质积累减少；成熟期的生理机能逐渐衰退，整株干物质积累量减少。

任务实施 烟草育苗技术、田间管理及采收

一、烟草育苗技术

(一) 育苗

1. 露地育苗

中间留约30cm宽的人行道,低于畦面,四周设有排水沟,中间设有灌水沟。作畦过程:首先整平土地,细锄2~3遍,深度10~13cm,锄后整平,施入基肥。然后将肥料再浅锄2~3遍,深10cm。最后整平踏实。在南方雨水多的烟草种植区多采用高畦栽培。

2. 保温育苗

保温育苗即采用人工加温或利用太阳能及保温设备,提供种子发芽和幼苗生长适宜的环境条件,达到培育壮苗的目的。

(1) **做法** 将表土下挖20~30cm,四周低中间高。床长12m,宽2m。四周用秸秆围挡。然后铺厚7~9cm玉米秸秆,再铺厚7~9cm马粪,放土2~3cm,放细砂2cm,最后放营养土7~10cm。玉米秸秆及马粪放置后要浇水踏实。

(2) **营养土配比** 肥沃土:优质农肥为(4~5):1。每床撒1kg磷酸氢二铵,10~15kg中砂,15kg过磷酸钙,混合后为营养土。手握成团,松手能散开为标准。一般在辽宁省北部10亩地烤烟,需育一个母床、两个子床,每个苗床长12m、宽2m。

大棚要备足棉被和草帘,消毒后封闭,再打开大棚通风2~3天。播种烟田先浇透水,然后将催好芽的种子播在母床上,最后盖细土。移栽前10天,炼苗2天,停止浇水,便于起苗运苗,确保烟苗不伤根。

育苗地面再盖一层地膜为双膜育苗,防止早春低温和土壤结构不良,对保水能力差的地区效果显著。

3. 电热温床育苗

普通电热温床底部铺放保温层即稻草、麦秸或锯末8~10cm,铺塑料膜,放细砂土10cm,铺营养土8~10cm,电热线埋在细砂和营养土之间。

营养钵电热温床在电热线上面铺2~3cm厚园田土,上面摆放已装好营养土的营养钵,温床上边架设小拱棚,用塑料薄膜覆盖。电热温床单位面积所匹配的电热线功率为100~120W,床温控制采用温度控制仪,自动控制或人工拉闸控制。

(二) 苗床管理

烟苗各生育时期虽有不同特点,但是各个时期相互联系。烟苗的整齐主要看前期,前期管理好,壮苗多,中后期管理关键在于水。苗床管理的原则是前期以促为主,后期以控为主,保证种子萌发出苗整齐,后期降温炼苗,培育壮苗。

1. 肥料管理

苗床肥料以施足底肥为主，苗期追肥尽可能以少为原则。苗出齐到十字期，可以追硫酸铵 0.125kg。十字期到假植前追硫酸铵 0.2～0.25kg。追肥本着"少追勤追"的原则，苗大的地方少追，苗小的地方多追。施肥前先浇清水，然后浇肥。要边施肥边用清水冲洗烟苗，防止化肥灼伤烟苗。苗期禁用氯化铵、尿素和碳酸氢铵追肥。十字期每床追肥，饼肥 1～1.5kg，或腐熟鸡粪 2～2.5kg，或硫酸铵 0.1kg、过磷酸钙 0.1kg、硫酸钾 0.1kg 兑水 20～25kg。五叶期追氮、磷、钾复合肥 200～250g。

2. 防治病虫害

苗期主要病害有炭疽病、猝倒病、立枯病。炭疽病传播主要是靠雨水及水滴的反溅和流动。猝倒病靠雨水或灌溉水传播。立枯病发病条件是低温干燥，当温度低于 20℃，土壤湿度较小时发病严重。

防治方法：用 1∶1∶200 波尔多液或者 50% 代森锌可湿性粉剂 500 倍液防治猝倒病。也可用 800 万～1000 万单位农用链霉素兑水 16kg 在十字期后喷一次苗床防止炭疽病。

(三) 分苗

营养钵分苗：营养钵使用前要经过消毒；用配制好的营养土装钵，摆放营养钵时，高矮相平，挨紧，不留缝隙；分苗前 1～2 天苗床浇足水，营养土处于湿润状态。

为保分苗质量，先在营养钵内的营养土中间扎与烟苗根大小相同的孔，然后用镊子把烟苗夹放进去，轻轻地封上孔，封土时既要防止过松把苗"吊空"，又要防止压得太紧把苗四周压成死砣。要做到：①边分苗边浇清水，边盖塑料布边盖草帘遮阴。为防止太阳直接暴晒，须遮阴 5～7 天。待缓苗后，白天揭去草帘，夜间盖上草帘。②床内温度保持 25～28℃，白天注意防止高温灼伤烟苗，夜间要防寒防霜冻。③苗床要及时补水，晴天温度高，早晨 8～9 时或下午 3～4 时浇水，阴天可不浇。随气温升高和烟苗生长浇水次数要增加，且每次浇水量要足。缓苗后浇水，要及时晾床待水珠晾干后再盖膜。成苗期，晴天浇 1～2 次水。④苗期注意抢光增温。晴天早揭覆盖物，充分利用太阳光。⑤及时追肥，缓苗后，每床追肥 0.5～0.75kg 硫酸铵，两周后每床追施 1kg 豆饼水。

(四) 移植

(1) **确定移栽期** 应根据气候条件、种植制度、品种特性、育苗技术和成苗因素，确定适宜的移栽期。春季一般于日平均气温稳定在 12～13℃、土温 10℃ 以上时即可移植。

(2) **提高移栽质量** 要实行"四带"移栽，即带土、带肥、带水、带药，栽深栽实。在移栽前半天要给烟苗浇水湿润，便于起苗。要选用壮苗移栽，保证带土移栽，以利成活。开好定植穴后，用手指将烟苗栽到定植穴内，再用细土半封穴后浇定根肥水即可。定根肥用烟草专用肥或磷酸氢二铵，定根肥水的浓度为 0.5%，每穴浇水 0.5～1kg。

二、田间管理

(1) **浅中耕** 在移栽后10天左右，由于此时烟苗小、根短，要浅锄，耕深3～6cm，结合追施提苗肥进行，要求不伤根、土不盖苗、铲尽杂草。

(2) **查苗、补苗** 移栽成活后，加强大田保苗工作，注意查苗、补漏，并及时增温保墒，保证大田苗齐、苗全。

(3) **及时补水** 移栽成活后，表层土壤应保持田间最大持水量的60%以上。早晨地面不回潮，白天叶片萎蔫，傍晚尚不能恢复，表明需要灌溉。在干旱条件下，可灌水1～2次，灌溉以傍晚或夜晚为宜。

三、烟叶采收与烘烤

(1) **确定采收时期** 烟叶成熟度判断：叶色变黄，茸毛脱离，叶脉变白。

(2) **确定采收叶数** 采收时必须依据"下部叶适时采，中部叶成熟采，上部叶充分成熟采"的原则，掌握采收叶数。营养均衡、发育良好的烟田，烟叶成熟比较集中。对于生长整齐、烟叶成熟比较一致的烟田，每次可采收烟叶3片或3片以上。烟叶采收宜在早上和上午进行，有利于识别和把握其成熟度。

(3) **烘烤** 烘烤全过程分为变黄阶段、定色阶段和干筋阶段。变黄阶段烘烤时温度应达到40℃；定色阶段升温不能快，达到46～47℃；干筋阶段应注意温度不能过高。将采收的烟叶挂在烤房内，借火管的间接热力使之逐渐干燥，称为烘烤。烘烤的目的：一是排除鲜叶内的大量水分，使烟叶干燥；二是使烟叶内含物在适宜的条件下转化和分解，以达到优良品质标准。

技能训练1 烟苗移栽技术

一、实训目的

掌握移栽烟苗技术操作规程和关键技术。

二、材料用具

农膜、锄头、铁锹、水桶、育好的烟苗。

三、内容方法

(1) **起垄与施肥** 大田起垄要求行距120cm，垄高30～35cm，施肥深度达到15cm。肥量以单株施氮量6～6.5g为宜，旱地可适当减少一点，起好垄后不要立即盖膜。

(2) **烟苗** 烟苗茎高度达5～8cm，剪叶2次即可，移栽前同样要进行炼苗。

(3) **移栽时期** 烟草小苗移栽苗的苗龄为35天左右。

(4) **打穴** 穴深10cm以上，穴的间距保持在45cm，每个田块的穴间距一定要均匀一致。

(5) **栽苗** 浇定根肥水，肥水浓度为0.5%。

(6) **盖膜** 在移栽的当天一定要盖好膜，盖膜后的烟苗一定要距膜面有5cm以上的空间,以确保烟苗在膜下有 7~10 天的生长空间。

(7) **通风** 在烟苗栽后 10 天左右,根据烟苗的长势和天气气温的高低,在高温来临之前,在烟苗的正上方扎一直径为 2cm 大小的小孔,便于高温时通气降温,以免高温烫伤烟苗。

(8) **掏苗** 当烟苗在膜下长到开始顶膜,且天气的日平均温度稳定在 15℃ 以上时,要及时进行掏苗。掏苗应在早晚进行,切忌高温晴天中午掏苗。因为在膜下环境中生长的烟苗较嫩,在高温时掏出易萎蔫,从而影响烟苗的生长。

(9) **封穴** 烟苗掏出后,将薄膜口扩大到直径 15~20cm,然后用土围住烟苗的基部封严。

四、作业

根据移栽烟苗技术操作规程,完成实训报告。

五、考核

根据学生操作的熟练程度、准确度,实训报告的质量,学生实训表现等确定考核成绩。

 技能训练 2 **烟草田间管理**

一、实训目的

掌握烟草田间管理操作规程和关键技术。

二、材料用具

实验烟草田、水桶、小锄、预留小苗。

三、内容方法

(1) **浅中耕** 在移栽后,结合追施提苗肥进行,要求不伤根,土不盖苗、铲尽杂草。

(2) **查苗、补苗** 移栽成活后,加强大田保苗工作,注意查苗、补漏,并及时增温保墒,保证大田苗齐、苗全。

(3) **及时补水** 移栽成活后,表层土壤应保持田间最大持水量的 60% 以上。早晨地面不回潮,白天叶片萎蔫,傍晚尚不能恢复,表明需要灌溉。在干旱条件下,可灌水 1~2 次,灌溉以傍晚或夜晚为宜。

(4) **打顶** 花序伸长高出顶叶,中心花已经开放时,将主茎顶部和花轴花序连同小叶一并摘去。

四、作业

根据烟苗技术操作规程,完成实训报告。

五、考核

根据学生操作的熟练程度、准确度,实训报告的质量,学生实训表现等确定考核成绩。

技能训练 3　参观烟草烤房结构与烟叶烘烤操作过程

一、实训目的

通过参观现场，了解烤房的主要结构和烟叶烘烤的主要操作过程。

二、材料用具

烤烟房、皮尺、米尺。

三、内容方法

(一) 考察烤房的结构

1. 烤房大小及形式

房高、房宽、房长、一次能挂的烟草数、能烤烟的面积、结构形式。

2. 烤房的加热装置

包括火炉、火管、烟囱、温度控制、燃料的种类和来源、烤房成本等。

3. 烤房通风排湿设备

进风洞和排气囱的个数、大小和安装方式。

4. 堂梁

承挂烟草的堂梁用材，设置规格，房门的安装与大小，观察烟囱设置的位置、规格。

(二) 了解烟叶烘烤的操作过程

1. 烟叶的采收方法

2. 绑烟和挂烟技术

3. 烘烤的主要过程

（1）**变黄阶段**　烟叶的变黄、失水。请注意不同时期的温度和时间。
（2）**定色阶段**　注意温度的控制、叶色的变化。
（3）**干筋阶段**　注意不同部位的叶片和不同叶片大小以及主脉和侧脉干燥情况，注意干筋期温度。

四、作业

① 通过参观调查绘制烤房结构图，并注明主要结构部位。
② 简述烤烟的主要操作过程。

五、考核

根据学生操作的熟练程度、准确度，实训报告的质量，学生实训表现等确定考核成绩。

 知识拓展 烟草的历史

研究发现，烟草最早起源于拉丁美洲，即人们尚处于原始社会时，烟草就进入了美洲居民的生活中，当时的人们还处于以采集和狩猎为主要生产活动的情况，他们在采集食物的时候经常无意识地摘下一片植物叶子放在嘴里咀嚼，这种叶子具有很强的刺激性，正好可以起到提神解乏的作用，于是他们便经常采来食用，次数多了渐渐成为一种嗜好，烟草的种植及吸食从这时就进入了人类的生活。同时于南美洲，蚊虫猖獗，人们会点燃柴草来驱赶蚊虫，劳动的时候，就点燃烟草，在快要熄灭的时候就用嘴吸一下，这就是今天吸烟的来源。从此，不管劳作与不劳作，人们都会把烟草衔在嘴上，他们认为是人和天神之间的一种媒介，认为吸烟能够驱邪消灾，到了1492年哥伦布发现了新大陆之后，一些西方葡萄牙水手学习到了这种吸烟的方法，1581年西班牙探险家发现阿兹特克人和玛雅人利用空气微管来吸食烟草，便也学着吸了起来，卷烟就这样诞生了，这种吸食烟草的文化也被带回了欧洲。随着航海贸易甚至是战争的传播，17世纪初烟草就快速地传入到了俄国、土耳其、伊朗、非洲东海沿岸、菲律宾、日本和中国等地。我国香烟的历史并不长，烟草传入中国的时间是在16世纪下半叶至17世纪中期的明朝万历年间。那个时候并不叫香烟，而是有一些其他的代称，比如姜丝草、八角草等。人类吸烟的方式也从烟斗，水烟，再到纸烟过滤嘴儿经过了几次转变。哥伦布最早看见印第安人时，吸烟用的就是烟斗。烟斗从清代开始由外国使馆和商人引入到中国上海、北京等地，英美租借期间，海关人员就用烟斗吸烟，从而普及开来。清末民国初期，水烟袋被富裕家庭所喜爱，制作水烟袋一般是用白铜或紫铜，炉内盛水，吸的时候烟气先经过水再进入吸烟者的嘴里，人们认为吸水烟比较卫生，同时味道也比较醇厚，但是水烟袋比较笨重，有水携带很不方便，只适用于居家使用。到了20世纪60年代末，这种吸烟方式基本上很少存在了。据说在1832年埃及部队围攻土耳其大本营时截获了运输烟草的骆驼队，虽然有了大量的烟草，但是大家都没有烟斗，这时有一个聪明的士兵想出了办法，即用包火药的纸将烟草卷起来吸食，这就是现代纸烟的雏形，通过这个方法大大提高了吸香烟的便捷性。

 项目测试

一、名词解释

1. 棉花"三桃"
2. 铃重
3. 皮棉
4. 甘薯的生育期
5. 烟草育苗

二、填空题

1. 棉花播种前，应选择（　　）、（　　）、（　　）的种子播种。
2. 按成铃时间，棉铃可分为伏前桃、（　　）、（　　）三种。
3. 棉纤维发育经历（　　）、（　　）、扭曲期三个阶段。
4. 棉花花铃期最主要的整枝项目是（　　）、（　　）。
5. 根据需肥规律，棉花一生追肥可分为苗肥、（　　）、（　　）、盖顶肥。
6. 棉花三桃中，必须争取（　　）桃的数量，才能获得高产。
7. 本地棉花一般保留（　　）个果枝。
8. 棉花育苗时，出现棉苗翘根的原因是（　　）、（　　）。
9. 棉铃发育分为体积增大、（　　）、开裂吐絮三阶段。
10. 棉花蕾铃脱落的原因有（　　）、（　　）和机械损伤等。
11. 甘薯的根分为（　　）、（　　）、（　　）。
12. 甘薯的茎分为（　　）和（　　），有分枝。
13. 甘薯贮藏期间要求温度保持在（　　），空气相对湿度为（　　），通气良好，氧气含量不低于（　　）。
14. 烟叶采收时必须依据（　　）、（　　）、（　　）的原则。
15. 烟苗从（　　）真叶到（　　）真叶的时期为生根期。
16. 烟草播种在播前5～7天，先将消毒过的种子放在（　　）温水中浸泡（　　）小时，然后搓种。

三、选择题

1. 棉花花铃期营养生长最快，需肥水最大，要根据棉田长势，重施（　　）。
   A. 蕾肥　　　　B. 花铃肥　　　　C. 盖顶肥　　　　D. 苗肥
2. 棉花一生需肥总趋势为前期小，中期（　　），后期居中。
   A. 中　　　　B. 小　　　　C. 大　　　　D. 无法确定
3. 棉花育苗播种后，覆土厚度约为（　　）厘米。
   A. 6　　　　B. 4　　　　C. 2　　　　D. 8
4. 棉花包衣的种子，播种前（　　）浸种。
   A. 不可以　　　　B. 可以　　　　C. 随意　　　　D. 无法确定
5. 当棉苗长出（　　）片真叶时，最适合移栽。
   A. 2　　　　B. 4　　　　C. 0　　　　D. 1
6. 长果枝前，健壮棉株主茎的红茎比一般为（　　）%。
   A. 30　　　　B. 50　　　　C. 70　　　　D. 90
7. 棉花长出果枝前，田间整枝的主要项目是（　　）。
   A. 去叶枝（杈子）　　B. 去果枝　　C. 打顶心　　D. 打边心
8. 棉花蕾期田间培土高度不应超于（　　）的高度。
   A. 第一果枝　　　　B. 真叶节　　　　C. 第一叶枝　　　　D. 子叶节
9. 棉花苗期，植株的宽度应（　　）高度。
   A. 小于　　　　B. 大于　　　　C. 等于　　　　D. 无法比较

10. 正常棉田,（　　）保留叶枝（杈子）。
    A. 不应该　　　B. 多多　　　C. 随意　　　D. 应该
11. 棉花蕾期控旺措施主要有喷助壮素、（　　）等。
    A. 中耕锄地　　B. 防病虫　　C. 追肥　　　D. 浇水
12. 棉花蕾期田间培土时间不应早于（　　）期（第四果枝出现）。
    A. 终蕾　　　　B. 初蕾　　　C. 盛蕾　　　D. 盛花
13. 棉花蕾期生长慢，缺少氮素，应及时追施（　　）肥补充。
    A. 过磷酸钙　　B. 锌肥　　　C. 磷酸二氢钾　D. 尿素
14. 棉花"一生"需肥量随着产量的增加而（　　）。
    A. 减小　　　　B. 不变　　　C. 增大　　　D. 无法确定
15. 棉花蕾期打助壮素控旺应掌握的原则是防止（　　）。
    A. 控过头　　　B. 用药过少　C. 用药过多　D. 控不住

四、简答题

1. 棉花的生育时期及生育阶段是如何划分的？
2. 如何提高育苗移栽质量？
3. 简述棉花蕾铃脱落的规律与原因。
4. 如何实现棉花的保铃增蕾？
5. 论述棉花各生育阶段的管理目标及主要管理措施。
6. 棉花育苗时，分哪三个控温管理阶段？
7. 棉花花铃期田间管理的主攻目标是什么？
8. 如何克服重茬造成的棉花减产？
9. 简述甘薯电热温床育苗技术。
10. 简述甘薯秧苗栽插。
11. 简述甘薯育苗方法。
12. 简述烟叶的采收方法。
13. 简述膜下移栽烟苗技术。

项目评价

项目评价	评价内容	分值	自我评价（10%）	教师评价（60%）	学生互评（30%）	得分
学习能力	知识掌握	18				
	学习态度	10				
	作业完成	12				
技术能力	专业技能	8				
	协作能力	6				
	动手能力	6				
	实验报告	8				

续表

项目评价	评价内容	分值	自我评价（10%）	教师评价（60%）	学生互评（30%）	得分
素质能力	职业素养	6				
	协作意识	6				
	创新意识	6				
	心理素质	6				
	学习纪律	8				
总分		100				

参考文献

[1] 秦越华. 农作物生产技术. 北京:中国农业出版社,2001.
[2] 秦越华. 农作物生产技术. 2版. 北京:中国农业出版社,2010.
[3] 秦越华. 农作物生产技术. 3版. 北京:中国农业出版社,2016.
[4] 马新明,郭国侠. 农作物生产技术(北方本). 2版. 北京:高等教育出版社,2021.
[5] 马新明,郭国侠. 农作物生产技术(北方本种植专业). 北京:高等教育出版社,2001.
[6] 马新明,郭国侠. 作物生产技术(北方本). 2版. 北京:高等教育出版社,2005.
[7] 王立河,郭国侠. 农作物生产技术. 2版. 北京:高等教育出版社,2022.
[8] 张兆和,傅传臣,王洪军,等. 农作物栽培学. 北京:中国农业科学技术出版社,2011.
[9] 苏兴智,徐军. 优质花生高产高效种植技术. 南京:东南大学出版社,2009.
[10] 杨宝林,史培华. 作物生产技术. 北京:中国农业出版社,2019.
[11] 万书波. 中国花生栽培学. 上海:上海科学技术出版社,2003.
[12] 王璞. 农作物概论. 北京:中国农业大学出版社,2016.
[13] 于振文. 作物栽培学各论(北方本). 2版. 北京:中国农业出版社,2015.
[14] 宏伟,杨德光,李彩凤,等. 寒地作物栽培学. 北京:中国农业出版社,2013.
[15] 李振陆. 作物栽培. 北京:中国农业出版社,2002.